LETTERS TO PARENTS IN MATH

Grades 4–6

40 Ready-to-Use Letters in English and Spanish

By Janet Kapche Razionale

with Lisa C. Kircher

Good Year Books

An Imprint of Addison-Wesley Educational Publishers, Inc.

A GOOD YEAR BOOK® **Good Year Books**
are available for most basic curriculum subjects plus many enrichment areas. For more Good Year Books, contact your local bookseller or educational dealer. For a complete catalog with information about other Good Year Books, please write:

Good Year Books
1900 East Lake Avenue
Glenview, Illinois 60025

Design: Meyers Design
Illustration: Jack Dickason
Spanish Adaptation: Carolina Cifuentes

Printed in the United States of America.

ISBN 0-673-36370-8
1 2 3 4 5 6 7 8 9 - PO - 06 05 04 03 02 01 00 99 98

Table of Contents

Preface

Educators know the importance of parental involvement in a student's math growth. Parents can be a vital factor in guiding a child's intellectual development as well as providing the foundation for successful school experiences in math. Educators are also aware that a day has only so many hours in it. Teachers often don't have the extra time needed to create special materials for parents to use with their children.

This book helps solve that problem by providing dozens of carefully prepared letters for parents that teachers can send home weekly. Each of the forty letters focuses on direct and easy-to-implement math activities that can be incorporated regularly into the family's daily routine without turning the home into a "school away from school." The suggestions and tips are all proven methods for developing and encouraging successful and responsible math students.

Written in easy-to-understand language, *Letters to Parents in Math, Grades 4-6* gives both parents and teachers scores of additional ideas to encourage positive and regular communication between home and school. These letters are suitable for gifted, developmental, or remedial students and are not tied to any specific grade level. They are also compatible with any math series since they emphasize basic skills appropriate for any elementary child. All in all, the book is a convenient, ready reference for any teacher seeking to involve parents in the educational process.

How to Use This Book

This book is designed to help you stimulate greater math achievement for your students through an active partnership with their parents. Each of the letters and activities has been selected after a careful evaluation of the math needs of most children as well as the requests of many parents. The letters are intended to encourage children and parents to work together for math success in a relaxed manner within their family situation.

All letters and energizers have been adapted in Spanish. On the back of each letter and energizer you will find this adaptation. Ask parents if they would prefer the Spanish letters. Some might like to receive both versions.

There are forty letters in all. They are organized into topics that follow NCTM curriculum standards: **Whole Numbers, Decimals, Fractions and Mixed Numbers, Geometry, Measurement, Ratios and Percents, Statistics,** and **Probability**. For the parent's convenience, answers are provided at the bottom of letters whenever possible or helpful. Preceding these letters is an added feature, an Introductory Letter, which explains to parents the importance of their involvement in their child's mastery of math. You may want to send this letter home during the first weeks of school.

After the Introductory Letter, you are encouraged to send home the other prepared letters as pertinent to your coursework. The following procedure is suggested:

1. Photocopy one letter and sign your name in the space provided at the bottom of the letter. Be sure to add the date at the top of the letter.
2. Photocopy the letter in a quantity sufficient for each student in your class.
3. Send the letter home with your students on a selected day of the week so parents will know when to expect it (Mondays, for example).
4. Encourage students to work with their parents on the activities and projects listed in individual letters. Emphasize that these are not "homework" assignments, but rather an opportunity for families to work together.
5. You may wish to encourage students to bring in some of their home projects to share with other members of the class. Point out that no grades will be assigned or recorded.

Alternate Strategies

The following strategies may help to facilitate a two-way communication of the letters between home and school:

1. Include a letter as part of a regular newsletter/newspaper sent home by the school or prepared by students.
2. Clip the letters to regular classwork or homework papers sent home to parents.
3. Write a brief, personalized note at the bottom of each letter commenting on something positive about the student.
4. Schedule regular workshops at school throughout the year at which parents can share their favorite home math activities. Be sure to share some additional math activities as well.

5. Ask the principal or superintendent to prepare a special letter to parents explaining the letters and suggesting an end-of-the-year surprise for participating families. Attach the Introductory Letter, page 9, and the first parent letter.
6. Prepare a bulletin-board display of activities completed by students and parents.

There are many more ways that you can use to distribute these letters to parents. Encourage students to suggest alternate methods for getting the letters home.

Special Energizers

In addition to these letters, this book contains a "Special Energizers" section. The Energizers are designed to provide parents with **more in-depth information** on topics contained within the parent letters. They will provide you, the teacher, with a variety of ideas to offer to parents to help promote practicing mathematics in the home.

There are several ways these pages can be used. First, the materials can be sent home to individual parents who request particular information in response to one of the periodic evaluation letters you are encouraged to use. Second, the Energizers can be sent home attached to the parent letters that address the same topic. Third, they may be useful to distribute during parent-teacher conferences if the conferences are scheduled at appropriate times. Finally, these support materials may be used as a basis for several workshops for parents.

Awards Certificate

The final special feature of this book is the awards certificate. This certificate, signed by the appropriate officials (including you), can be distributed at an end-of-the-year ceremony. The ceremony could be part of a special event such as a parents' night, a school picnic, an awards dinner, or a class party.

Resource List for Teachers, Parents, and Students

Books

Afflack, Ruth. *Beyond Equals.* Oakland, CA: The Math/Science Resource Center, 1982.
Bezuszka, Stanley, Margaret Kenney, and Linda Silvey. *Designs for Mathematical Patterns.* Palo Alto, CA: Creative Publications, Inc., 1978.
Burns, Marilyn. *The Book of Think.* Boston, MA: Little, Brown, and Company, 1976.
——— *The Good Time Math Event Book.* Palo Alto, CA: Creative Publications, Inc., 1977.
——— *The I Hate Mathematics Book.* Boston, MA: Little, Brown, and Company, 1975.
——— *Math for Smarty Pants.* Boston, MA: Little, Brown, and Company, 1982.
Burns, Marilyn, Martha Weston, and Linda Allison. *Good Times: Every Kid's Book of Things to Do.* New York: Bantam Books, 1979.
Kanter, Patsy F. *Helping Your Child Learn Math.* U.S. Department of Education, Office of Educational Research and Improvement, 1992.
Meyer, Carol, and Tom Sallee. *Make It Simpler: A Practical Guide to Problem Solving in Mathematics.* Menlo Park, CA: Addison-Wesley Publishing Company, 1983.
Miller, Con. *Calculator Explorations and Problems.* New Rochelle, NY: Cuisenaire Company of America, Inc., 1979.
Nature Math. Alexandria, VA: Time-Life Books for Children, 1992.
Room, Adrian. *The Guinness Book of Numbers.* New York: Sterling Publishing Company, Inc., 1989.
Seymour, Dale. *Developing Skills in Estimation.* Book A. Palo Alto, CA: Dale Seymour Publications, 1981.
Sharp, Dr. Richard M., and Dr. Seymour Metzner. *The Sneaky Square and Other Math Activities for Kids.* New York: McGraw-Hill, 1996.
Shulte, A. P., and S. Choate. *What Are My Chances?* Book A. Palo Alto, CA: Creative Publications, Inc., 1977.
Stenmark, Jean Kerr, Virginia Thompson, and Ruth Cossey. *Family Math.* Berkeley, CA: Lawrence Hall of Science, University of California at Berkeley, 1986.
Van Cleave, Janice. *Math for Every Kid.* New York: John Wiley & Sons, Inc., 1991.

Magazines

Dynamath. Scholastic.
Math Power. Scholastic.
Zillions. Consumer Reports.

Introductory Letter

Date ______________________

Dear Parents,

Our class will be studying many new math concepts this year. We will be focusing on the following topics: ____
____
____

Each of these topics will not only strengthen your child's math skills, but will give him or her a greater appreciation of how math is important to everyday life.

I encourage you to be a partner with me this year in your child's math education. Your involvement now can help your child attain greater mastery of math concepts, as well as boosting his or her self-confidence.

To build on the work we will be doing in the classroom, I will be sending home prepared letters to parents on a regular basis. The purpose of these letters is to give you ideas to help you reinforce what was taught at school. The activities in the letters are not meant to be homework and are not required. Instead, they are meant to be an opportunity for you to see what your child is working on and encourage further development.

If you have any questions about the letters or activities, please call me. I look forward to working in partnership with you to help your child succeed in math.

Sincerely,

Carta de introducción

Fecha ______________________

Estimados padres de familia:

Nuestra clase va a estudiar muchos conceptos de matemáticas este año. Nos concentraremos en los temas siguientes: ____

____

____

Cada uno de los temas no sólo reforzará las destrezas de matemáticas de su hijo o hija, sino también le ayudará a valorar la importancia de las matemáticas en la vida diaria.

Los invito a que acompañen a su hijo o hija en el aprendizaje de matemáticas este año. Considero que la participación suya ahora ayudará a que logre dominar mejor los conceptos matemáticos, así como también le aumentará la confianza en sí mismo(a).

Para reforzar el trabajo que haremos en clase, les mandaré con regularidad cartas ya preparadas con actividades para que las lleven a cabo con su hijo o hija. El propósito de las cartas es darles ideas para reforzar lo que se enseña en la escuela. Las actividades de las cartas no son tareas escolares y no son un requisito. En realidad, están diseñadas como una oportunidad para que vean lo que su hijo o hija está aprendiendo y le den ánimo para un mayor éxito.

Si tienen alguna pregunta sobre las cartas o las actividades, por favor llámenme. Espero con entusiasmo su participación para ayudar a que su hijo o hija tenga éxito en matemáticas.

Atentamente,

Whole Numbers

Adding and Subtracting **Date** ____________________

Dear Parents,

Our class has been learning to add and subtract whole numbers. We can do this mentally, by using paper and pencil, or by using a calculator. Sometimes it makes no difference which method we use. Other times one method is an obvious best choice.

You can help your child practice adding and subtracting whole numbers by doing one or both of the following activities together. Include other family members if possible.

Name Values

Let each letter of the alphabet have a different dollar value as shown below:

A = 1	B = 2	C = 3	D = 4	E = 5	F = 6	G = 7	H = 8
I = 9	J = 10	K = 11	L = 12	M = 13	N = 14	O = 15	P = 16
Q = 17	R = 18	S = 19	T = 20	U = 21	V = 22	W = 23	X = 24
Y = 25	Z = 26						

Write your name using the numbers above. Add the numbers. Write another family member's name using numbers, and add the numbers. Whose name is worth more when the values of the letters are added?

Compare the values of your first and last names. What is the difference?

Road Miles

Open a road atlas and find a mileage chart. Choose two major cities and find the distance between them. Choose two different cities and repeat.

Locate some major cities you would like to visit. Trace a route to these cities from your home, and find the total distance one way. Map out a different return route. Compare the routes. Which is longer?

Sincerely,

Números enteros

Suma y resta **Fecha** ______________________

Estimados padres de familia:

En clase hemos estado aprendiendo a sumar y restar números enteros. Lo hacemos mentalmente, con papel y lápiz o con una calculadora. A veces no importa qué método usemos. Otras veces un método es obviamente la mejor opción.

Para ayudar a su hijo o hija a que practique la suma y resta de números enteros, hagan juntos una de las siguientes actividades, o ambas. Si es posible, incluyan a otros miembros de la familia.

Valor de los nombres
Se asigna un valor en dólares a cada letra del alfabeto de la manera siguiente:

A = 1	B = 2	C = 3	D = 4	E = 5	F = 6	G = 7	H = 8
I = 9	J = 10	K = 11	L = 12	M = 13	N = 14	O = 15	P = 16
Q = 17	R = 18	S = 19	T = 20	U = 21	V = 22	W = 23	X = 24
Y = 25	Z = 26						

Escribe tu nombre usando los números de arriba. Súmalos. Escribe el nombre de otro miembro de la familia usando los números, y súmalos. ¿Cuál de los nombres vale más después de sumar las letras?

Compara el valor de su nombre y de su apellido. ¿Cuál es la diferencia?

Millas de carretera
Abre un atlas de carreteras y busca la tabla de millaje. Escoge dos ciudades grandes y halla la distancia que hay entre ellas. Escoge otras dos ciudades y haz lo mismo.

Localiza algunas ciudades grandes que te gustaría visitar. Traza una ruta a esas ciudades desde tu casa, y halla la distancia total de una ida. Busca en el mapa una ruta diferente para el regreso. Compara las rutas. ¿Cuál es más larga?

Atentamente,

Whole Numbers

Estimating Sums and Differences **Date** ____________________

Dear Parents,

Our class has been learning to estimate sums and differences of whole numbers by rounding to a particular place value (such as tens, hundreds, or thousands), by rounding the front-end, or first, digit only, and by looking for numbers that cluster around or are close to a certain number before adding or subtracting.

You can help your child practice estimating sums and differences of whole numbers by doing one or both of the following activities with your child. Include other family members if possible.

Store Receipts

Using the store receipt from the weekly food shopping, examine the receipt for an amount that several items are clustered around. For example: $1.79, $2.49, $2.30, and $1.95 cluster around $2.00, so 4 x $2 = $8. Using this amount, estimate the total spent by multiplying the number of items purchased by the cluster amount.

Guess How Many

Fill a clear container with small items of food. Have your child estimate how many items are in the container before counting and possibly eating the food. Do this activity occasionally and increase the number and types of items in the container, and change the container.

Sincerely,

Números enteros

Estimación de totales y diferencias **Fecha** ____________________

Estimados padres de familia:

En clase hemos estado aprendiendo a hacer estimaciones de totales y diferencias de números enteros redondeando a un valor relativo (de posición) particular (como decenas, centenas o millares) redondeando el primer dígito solamente, y buscando números que se acercan a cierto número antes de sumar o restar.

Para ayudar a su hijo o hija a practicar la estimación de sumas y diferencias de números enteros, hagan juntos una de las siguientes actividades, o ambas. Si es posible, incluyan a otros miembros de la familia.

Recibos de tiendas
Usa los recibos de las tiendas correspondientes a las compras de comestibles de la semana y busca una cantidad a la que se acercan varios de los artículos comprados. Por ejemplo: \$1.79, \$2.49, \$2.30 y \$1.95 se acercan a \$2.00, así que 4 x \$2 = \$8. Con esta cantidad, haz la estimación del total que se gastó multiplicando el número de artículos comprados por la cantidad escogida.

Adivina cuántos hay
Llena un recipiente transparente con artículos comestibles pequeños. Haz la estimación de cuántos artículos hay en el recipiente antes de contarlos y posiblemente comerlos. Haz esta actividad ocasionalmente y aumenta el número y tipo de artículos del recipiente, y cambia el recipiente.

Atentamente,

Whole Numbers

Problem Solving Using Addition and Subtraction **Date** ______________________

Dear Parents,

Our class has been learning to solve problems by adding and subtracting whole numbers. Usually we want an exact answer so we use a calculator or paper and pencil.

You can help your child practice solving problems by doing one or two of the following activities with your child. Encourage other family members to participate.

Puzzling Sums and Differences

You can combine the digits from 1 to 9 and then add or subtract to arrive at an answer of 100. Below are just a few examples. Note that the digits are used in order and they can form a number such as 67 or 89.

123 + 4 − 5 + 67 − 89 = 100
123 − 45 − 67 + 89 = 100

12 + 3 − 4 + 5 + 67 + 8 + 9 = 100
1 + 2 + 3 − 4 + 5 + 6 + 78 + 9 = 100

Count Back to Zero

Two or more can play this game. Start at any number, such as 20. The first player counts back by one, two, or three. The next player continues from the last number mentioned and counts back by one, two, or three. The winner is the person who counts to zero.

Find the Difference

Use the digits from 1 to 9 to complete the subtraction problem.

There are more than 100 possible ways to solve this problem. How many can you find?

   ___ ___ ___
− ___ ___ ___
―――――――――
   ___ ___ ___

Sincerely,

Números enteros

Resolución de problemas con suma y resta **Fecha** ____________________

Estimados padres de familia:

En clase hemos estado aprendiendo a resolver problemas sumando y restando números enteros. Por lo general queremos una respuesta exacta, así que usamos una calculadora o papel y lápiz.

Para ayudar a su hijo o hija a practicar la resolución de problemas, hagan juntos una o dos de las siguientes actividades. Si es posible, incluyan a otros miembros de la familia.

Sumas y diferencias de rompecabezas
Se combinan los dígitos del 1 al 9 y luego se suman o se restan para obtener la respuesta de 100. A continuación se dan algunos ejemplos. Fíjense que los dígitos se usan en orden y pueden formar un número como 67 u 89.

$123 + 4 - 5 + 67 - 89 = 100$ $12 + 3 - 4 + 5 + 67 + 8 + 9 = 100$
$123 - 45 - 67 + 89 = 100$ $1 + 2 + 3 - 4 + 5 + 6 + 78 + 9 = 100$

Cuenta regresiva hasta cero
Se necesitan dos o más jugadores. Empiecen en cualquier número, como 20. El primer jugador cuenta en forma regresiva uno, dos o tres números. El siguiente jugador continúa desde el último número mencionado y cuenta en forma regresiva uno, dos o tres números. Gana la persona que cuente hasta cero.

Halla la diferencia
Completa el problema de resta usando los dígitos del 1 al 9.

Hay más de 100 maneras posibles de resolver este problema. ¿Cuántas puedes encontrar?

____ ____ ____
− ____ ____ ____
____ ____ ____

Whole Numbers

Multiplying and Dividing **Date** ______________________

Dear Parents,

Our class has been learning to multiply and divide whole numbers. Sometimes we do this mentally, and other times we use paper and pencil or a calculator. Sometimes it makes no difference which method we use. But at other times one method is obviously the best choice.

You can help your child practice multiplying and dividing whole numbers. Choose one or both of the following activities to do together, and include other family members if possible.

Square Number Pairs
The equations 21 x 21 = 441 and 12 x 12 = 144 are special. The factors are reversed and their products are reversed. There is only one other pair of two-digit numbers and their products that can be reversed in such a way. Can you find the other pair of two-digit numbers? The answer is found below.

Designs in Multiplication
Copy the multiplication table below on a separate sheet of paper, preferably grid paper, and then complete. You can create a design on the multiplication table. First, choose a number between 2 and 10 and write its multiples through 144. Then color the squares you have filled in on the chart. You can make another copy of the multiplication table and follow the same procedure for each number from 2 to 10. Compare the designs. Some interesting groupings are: 2, 3, and 6; 4, 5, and 10; 8 and 9.

x	1	2	3	4	5	6	7	8	9	10	11	12
1												
2												
3												
4												
5												
6												
7												
8												
9												
10												
11												
12												

Sincerely,

ANSWER: SQUARE NUMBER PAIRS — 13 X 13 = 169 AND 31 X 31 = 961

Números enteros

Multiplicación y división **Fecha** ______________________

Estimados padres de familia:

En clase hemos estado aprendiendo a multiplicar y dividir números enteros. A veces lo hacemos mentalmente y otras veces usamos papel y lápiz o una calculadora. A veces no importa qué método usemos. Otras veces un método es obviamente la mejor opción.

Para ayudar a su hijo o hija a practicar la multiplicación y la división de números enteros, hagan juntos una de las siguientes actividades, o ambas. Si es posible, incluyan a otros miembros de la familia.

Pares de números cuadrados
Las ecuaciones 21 x 21 = 441 y 12 x 12 = 144 son especiales. Los factores están invertidos y sus productos están invertidos. Hay solamente otro par de números de dos dígitos y sus productos que se pueden invertir de esa manera. Halla el otro par de números. La respuesta se encuentra al final de la página.

Diseños en la multiplicación
Copia la siguiente tabla de multiplicación en una hoja de papel, cuadriculada de preferencia, y complétala. Hay que crear un diseño en la tabla de multiplicación. Primero, escoge un número entre 2 y 10 y escribe sus múltiplos hasta 144. Después colorea los cuadritos que haz llenado en la tabla. Se puede hacer otra copia de la tabla de multiplicación y seguir el mismo procedimiento para cada número de 2 a 10. Compara los diseños. Algunos grupos interesantes son: 2, 3 y 6; 4, 5 y 10; 8 y 9.

x	1	2	3	4	5	6	7	8	9	10	11	12
1												
2												
3												
4												
5												
6												
7												
8												
9												
10												
11												
12												

Atentamente,

RESPUESTA: PARES DE NÚMEROS CUADRADOS — 13 X 13 169 Y 31 X 31 = 961

Whole Numbers

Estimating Products and Quotients **Date** ____________________

Dear Parents,

Our class has been learning to estimate products and quotients of whole numbers by rounding to a particular place value and by rounding the front-end digit, the first digit on the left, only before multiplying or dividing.

You can help your child practice estimating products and quotients of whole numbers by doing one or two of the following activities with your child. Include other family members if possible.

Party Plans
Suppose you are planning a pizza lunch for a group of 25 classmates. You know that a large pizza serves 3–4 persons. How many pizzas would you order? Suppose you also want to provide pitchers of soda. Each pitcher serves four 8-ounce portions. How many pitchers would you need for your 25 guests? Explain your decision.

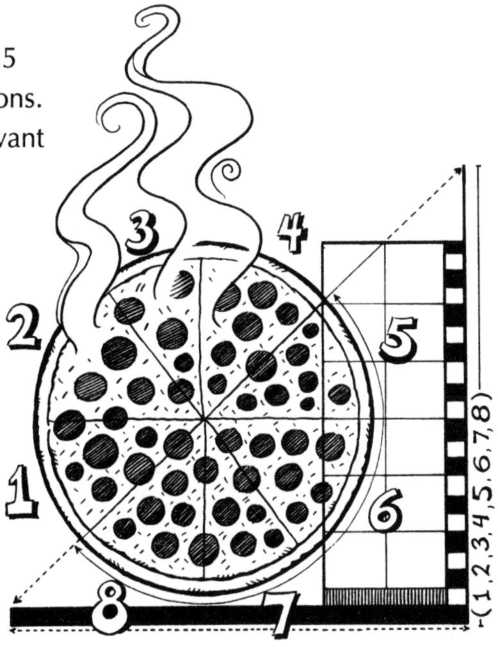

High/Low Estimates
A high estimate means "no more than," while a low estimate means "at least." Discuss which type of estimation is more appropriate for each situation.

The amount of money needed to eat dinner at a restaurant.
The weight you can carry in your backpack.
The number of hours that ice keeps food cold in a cooler.
The amount of money needed to buy a birthday present.

Discuss other situations that require high estimates or low estimates.

Recipe Changes
Suppose you have a recipe for a taco salad that serves 4. How would you adjust the recipe to serve 10? Consider such things as cost, leftovers, and appetites. Discuss your assumptions and your answer.

Sincerely,

ANSWERS: PARTY PLANS—9 PIZZAS, 7 PITCHERS

Números enteros

Estimación de productos y cocientes **Fecha** ______________________

Estimados padres de familia:

En clase hemos estado aprendiendo a hacer estimaciones de productos y cocientes de números enteros redondeando a un lugar relativo (de posición) específico, así como también redondeando el primer dígito, desde la izquierda, antes de multiplicar o dividir.

Para ayudar a su hijo o hija a practicar la estimación de productos y cocientes de números enteros, hagan juntos una o dos de las siguientes actividades. Si es posible, incluyan a otros miembros de la familia.

Planes para fiesta
Imagina que estás planificando una fiesta con pizza para un grupo de 25 compañeros. Sabes que una pizza grande sirve a 3 ó 4 personas. ¿Cuántas pizzas hay que pedir? Supongamos que también quieres dar picheles de refresco. Cada pichel rinde para 4 porciones de 8 onzas. ¿Cuántos picheles necesitarías para tus 25 invitados? Explica tu decisión.

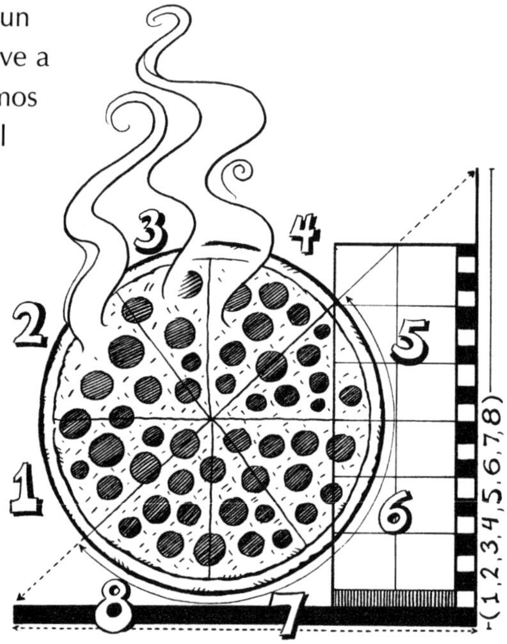

Estimaciones altas y bajas
Una estimación alta significa "no más de", mientras que una estimación baja significa "por lo menos". Hablen sobre cuál de los dos tipos de estimación es más apropiado para cada situación.

- La cantidad de dinero necesario para cenar en un restaurante.
- El peso que puedes llevar en tu mochila.
- El número de horas que el hielo enfría la comida en una hielera.
- La cantidad de dinero necesario para comprar un regalo de cumpleaños.

Hablen sobre otras situaciones que requieren estimaciones altas o estimaciones bajas.

Cambios en las recetas
Imagina que tienes una receta para una ensalada que rinde para 4. ¿Cómo ajustarías la receta para que rinda para 10? Toma en cuenta ciertas cosas, como el costo, las sobras y los apetitos. Explica tus suposiciones y tu respuesta.

Atentamente,

RESPUESTA: PLANES PARA FIESTA — 9 PIZZAS, 7 PICHELES

Whole Numbers

Problem Solving Using Multiplication and Division **Date** ____________________

Dear Parents,

Our class has been learning to solve problems by multiplying and dividing whole numbers. Usually we want an exact answer so we use a calculator or paper and pencil.

You can help your child practice solving problems involving multiplication and division of whole numbers by doing the following activity together. Include other family members if possible.

What Day Was It?
What day of the week were you born? Find out by doing the following simple calculations.

1. For any date in the twentieth century, write the last two digits of the year you were born. ________
2. Divide the number you wrote above by 4 and drop any remainder. ________
3. Find the month you were born in the table at right. Write the number shown with it. ________
4. Write the date of the month you were born. ________ (For example, for February 6, write "6.")
5. Add the four numbers above.
   ______ + ______ + ______ + ______ = ______
6. Divide the sum by 7. The remainder will tell on which day of the week you were born. Days: 1 Sun.; 2 Mon.; 3 Tues.; 4 Wed.; 5 Thurs.; 6 Fri.; 0 Sat.

	Month
1	Jan. (leap year: 0)
4	Feb. (leap year: 3)
4	Mar.
0	Apr.
2	May
5	June
0	July
3	Aug.
6	Sept.
1	Oct.
4	Nov.
6	Dec.

Now try calculating what day of the week your family members were born.

Sincerely,

Números enteros

Resolución de problemas de multiplicación y división **Fecha** ______________________

Estimados padres de familia:

En clase hemos estado aprendiendo a resolver problemas usando la multiplicación y la división de números enteros. Por lo general queremos una respuesta exacta así que usamos una calculadora o papel y lápiz.

Para ayudar a su hijo o hija a practicar la resolución de problemas con multiplicación y división de números enteros, hagan juntos la siguiente actividad. Si es posible, incluyan a otros miembros de la familia.

¿Qué día fue?
¿En qué día de la semana naciste? Averígualo haciendo los siguientes cálculos sencillos.

1. Para cualquier fecha del siglo veinte, escribe los dos últimos dígitos del año en que naciste. __________
2. Divide el número que escribiste arriba por 4 y quita el residuo. __________
3. Halla el mes en que naciste en la tabla de la derecha. Escribe el número que tiene al lado. __________
4. Escribe la fecha del mes en que naciste. __________ (Por ejemplo: para 6 de febrero, escribe "6".)
5. Suma los cuatro números de arriba.
   ______ + ______ + ______ + ______ = ______

	Mes
1	ene. (año bisiesto: 0)
4	feb. (año bisiesto: 3)
4	mar.
0	abr.
2	may.
5	jun.
0	jul.
3	ago.
6	sept.
1	oct.
4	nov.
6	dic.

6. Divide la suma por 7. El residuo te dirá en qué día de la semana naciste. Días: 1 dom.; 2 lun.; 3 mar.; 4 mié.; 5 jue.; 6 vier.; 7 sáb.

Ahora trata de calcular en qué día de la semana nacieron los miembros de tu familia.

Atentamente,

Decimals

Adding and Estimating Sums **Date** ______________________

Dear Parents,

Our class has been learning to add decimals and to estimate sums of decimals. Sometimes we add decimals mentally, and other times we use paper and pencil or a calculator. Sometimes one method is obviously the best choice.

You can help your child practice adding and estimating decimal sums by doing one or two of the following activities together. Include other family members if possible.

Decimal Search
Use an almanac, encyclopedias, magazines, and newspapers to find data involving decimals, such as vehicle speeds, sporting events, or precipitation in your area. Practice rounding these decimal numbers to various place values.

Family Outing
Plan a family outing. Estimate the admission cost for the family. Include any parking fees, meals and snacks, and souvenirs. Estimate the length of time needed to travel to the destination. It may be necessary to call the destination for more information.

Shopping Estimation
Whenever shopping for several items, estimate the total bill before the items are presented to the clerk for payment. Try rounding less expensive items, such as grocery items, to the nearest dollar. Round more expensive items, such as clothing, to the nearest \$5, \$10, or \$20 and then estimate.

Sincerely,

Decimales

Suma y estimación de sumas o totales **Fecha** ____________________

Estimados padres de familia:

En clase hemos estado aprendiendo a sumar decimales y a hacer estimaciones de la suma (o total) de decimales. A veces sumamos decimales mentalmente, y otras veces usamos papel y lápiz o una calculadora. A veces un método es obviamente la mejor opción.

Para ayudar a su hijo o hija a practicar la suma y la estimación de sumas decimales, hagan juntos una o dos de las siguientes actividades. Si es posible, incluyan a otros miembros de la familia.

Búsqueda decimal
Busca información con decimales, como velocidad de vehículos, eventos deportivos o precipitación en tu zona, en almanaques, enciclopedias, revistas y periódicos.

Paseo familiar
Planifica un paseo familiar. Haz la estimación del costo por tu familia. Incluye las tarifas de estacionamiento, comidas, antojitos y recuerdos. Haz la estimación del tiempo necesario para viajar al lugar de destino. Es posible que haya que llamar al lugar para pedir información.

Estimación en las compras
Cuando vayas a comprar varias cosas, haz la estimación de la factura total antes de presentar las cosas a la caja para pagar. Trata de redondear las cosas menos caras, como los comestibles, al dólar más cercano. Redondea las cosas más caras, como la ropa, a los $5, $10 ó $20 más cercanos y después haz la estimación.

Atentamente,

Decimals

Subtracting and Estimating Differences **Date** ____________________

Dear Parents,

Our class has been learning to subtract decimals and to estimate differences of decimals. Sometimes we subtract decimals mentally, and other times we use paper and pencil or a calculator. We learned to align the decimal points in numbers before subtracting.

You can help your child practice subtracting and estimating decimal differences by doing one or two of the following activities together. Include other family members if possible.

Making Change
Practice making change with your child. Take turns being a clerk and a customer. The clerk should use a calculator or pencil and paper to calculate the change due from a purchase. Then, he or she counts up from the total due to the total amount paid. For example, if the total due is $3.41, and the total paid is $5.00, then the change due is $1.59. Count from $3.41: $3.42, .43, .44, .45, .50, .75, $4.00, and $5.00 while handing the "customer" the change.

Newspaper Savings
Look in the newspaper to find advertisements of sales. If the regular price and the amount of savings are advertised, estimate the sale price. If the regular and sale prices are advertised, then estimate the amount of savings.

Rainfall Data
Keep track of local rainfall each day for a month. Add your daily figures to get the total for the month. Then compare the total amount with the average amount for that month. (Use an almanac to find estimated monthly precipitation figures for your area.) Was the rainfall higher or lower than average? Subtract to find the difference.

Sincerely,

Decimales

Resta y estimación de diferencias **Fecha** ____________________

Estimados padres de familia:

En clase hemos estado aprendiendo a restar decimales y a hacer estimaciones de diferencias de decimales. A veces restamos decimales mentalmente, y otras veces usamos papel y lápiz o una calculadora. Aprendimos a alinear el punto decimal de los números antes de restar.

Para ayudar a su hijo o hija a practicar la resta y la estimación de diferencias decimales, hagan juntos una o dos de las siguientes actividades. Si es posible, incluyan a otros miembros de la familia.

Hacer cambio

Practique cómo hacer cambio con su hijo o hija. Por turnos, hagan el papel de cajero y de cliente. El cajero debe usar una calculadora o lápiz y papel para calcular el cambio que debe dar en una compra. Después, cuenta desde el total de la compra hasta la cantidad pagada. Por ejemplo, si el total a pagar es $3.41, y el total pagado es $5.00, entonces el cambio es $1.59. Cuenta desde $3.41: $3.42, .43, .44, .45, .50, .75, $4.00 y $5.00 al darle el cambio al "cliente".

Ahorros en periódicos

Busca anuncios de ofertas en el periódico. Si el precio regular y la cantidad de ahorro están anunciados, haz la estimación del precio de oferta. Si el precio regular y el precio de oferta están anunciados, entonces haz la estimación de la cantidad de ahorro.

Datos de precipitación

Anota la precipitación local, o cantidad de lluvia, cada día durante un mes. Suma las cantidades diarias para obtener el total del mes. Después compara la cantidad total con la cantidad promedio para ese mes. (Busca la estimación de precipitación mensual para tu zona en un almanaque.) ¿Fue la precipitación más alta o más baja que el promedio? Resta para hallar la diferencia.

Atentamente,

Decimals

Problem Solving Using Addition and Subtraction **Date** ____________________

Dear Parents,

Our class has been learning to solve problems by adding and subtracting decimals. We use a calculator or paper and pencil to find an exact answer.

You can help your child practice solving problems involving decimals by doing one or two of the following activities together. Include other family members if possible.

Change, But No Change
It's possible to have $1.19 in coins and the largest coin is a half-dollar, but not be able to make change for any amount. Can you name the coins?

Coin Clues
Start with a number of various coins that add up to a small amount. Let your child count some change and then the number of coins. You try to guess which coins he or she has. Then trade places and let your child guess which coins you have counted. Increase the number of coins and try again.

Try to Spend It!
Use catalogs and newspaper ads to "shop." Select an item and round its price to the nearest dollar. Try spending $1000. How many items did you buy? Keep track of the items bought and their cost.

Try spending $10,000; $100,000; or $1,000,000.

Catalog Shopping
Use a catalog to find at least three items that cost around $40 altogether. How much more or less than $40 is the total? What is the shipping and handling fee? Add this fee to the cost of the items. Try catalog shopping for six items that cost a total of about $200.

Sincerely,

ANSWER: CHANGE, BUT NO CHANGE — 1 HALF-DOLLAR, 1 QUARTER, 4 DIMES, 4 PENNIES

Decimales

Resolución de problemas de suma y resta **Fecha** ____________________

Estimados padres de familia:

En clase hemos estado aprendiendo a resolver problemas sumando y restando decimales. Usamos una calculadora o papel y lápiz para hallar una respuesta exacta.

Para ayudar a su hijo o hija a practicar la resolución de problemas de decimales, hagan juntos una o dos de las siguientes actividades. Si es posible, incluyan a otros miembros de la familia.

Cambio, pero sin cambio
Es posible tener $1.19 en monedas y que la moneda más grande sea de medio dólar, pero sin poder hacer cambio para ninguna cantidad. ¿Cuáles son las monedas?

Pistas de monedas
Se empieza con un número de varias monedas que suman una cantidad total pequeña. Deje que su hijo o hija cuente algo de cambio y después el número de monedas. Trate usted de adivinar qué monedas tiene él o ella. Después cambien de lugar y deje que el niño o niña adivine qué monedas ha contado usted. Aumenten la cantidad de monedas y vuelvan a tratar.

¡Trata de gastarlo!
Usa catálogos y anuncios de periódico para "comprar". Escoge un artículo y redondea su precio al dólar más cercano. Trata de gastar $1000. ¿Cuántos artículos compraste? Anota los artículos comprados y su costo.

Trata de gastar $10,000; $100,000 ó $1,000,000.

Compras por catálogo
Busca por lo menos tres artículos en un catálogo que cuesten un total de $40 aproximadamente. ¿Cuánto más o menos que $40 es el total? ¿Cuánto es la tarifa de envío? Agrégala al costo de los artículos. Trata de comprar con el catálogo seis artículos que cuesten un total de $200 aproximadamente.

Atentamente,

RESPUESTA: CAMBIO, PERO SIN CAMBIO — 1 MONEDA DE MEDIO DÓLAR, UNA MONEDA DE 25¢, 4 MONEDAS DE 10¢, 4 MONEDAS DE 1¢

Decimals

Multiplying and Estimating Products **Date** ______________________

Dear Parents,

Our class has been learning to multiply decimals and estimate products of decimals. Sometimes we multiply decimals mentally, and other times we use paper and pencil or a calculator. Sometimes one method is obviously the best choice. When estimating, we round the factors before estimating the product.

You can help your child practice multiplying decimals and estimating products of decimals by doing one or both of the following activities together. Include other family members if possible.

Pennies per Day

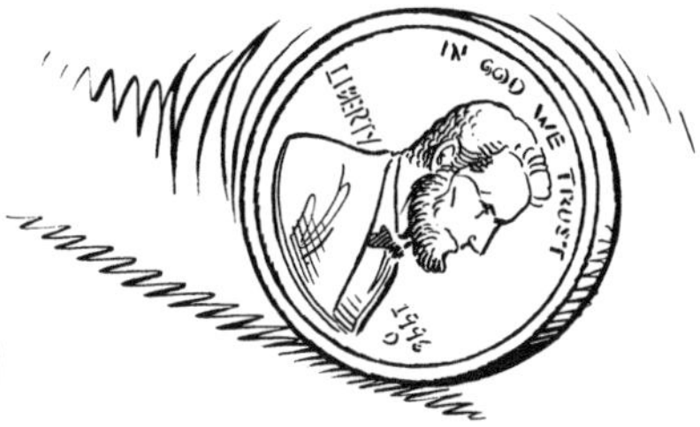

Suppose each day for 30 days you will be paid twice the amount you were paid the previous day. You receive 1¢ on the first day, 2¢ on the second day, 4¢ on the third day, and so on. First, estimate how much you would receive on the 30th day. Then calculate how much you will receive each day and altogether. Use a calculator.

Day	Amount	Total
1	1¢	1¢
2	2¢	3¢
3	4¢	7¢
4		

Family Fun

Estimate the total cost for your family to go to a movie theater together. Call ahead to find out the admission price and whether there are bargain matinees. Ask if children pay reduced prices. Will each of you make a purchase at the concession stand? If so, estimate the total amount of money needed for these items.

Sincerely,

ANSWER: PENNIES PER DAY — RECEIVE ON 30th DAY ($5, 368, 709.12); RECEIVE ALL TOGETHER ($11, 737, 418.23).

Decimales

Multiplicación y estimación de productos **Fecha** ____________________

Estimados padres de familia:

En clase hemos estado aprendiendo a multiplicar decimales y hacer estimaciones de productos de decimales. A veces multiplicamos decimales mentalmente, y otras veces usamos papel y lápiz o una calculadora. A veces un método es obviamente la mejor opción. Al hacer estimaciones, redondeamos los factores antes de hacer la estimación del producto.

Para ayudar a su hijo o hija a practicar la multiplicación de decimales y la estimación de productos de decimales, hagan juntos una de las siguientes actividades, o ambas. Si es posible, incluyan a otros miembros de la familia.

Centavos al día

Imagina que cada día durante 30 días te pagarán el doble de la cantidad que te pagaron el día anterior. Recibes 1¢ el primer día, 2¢ el segundo día, 4¢ el tercer día, etc. Primero, haz la estimación de cuánto recibirías el día 30. Después calcula cuánto recibirás cada día y todo junto. Usa una calculadora.

Día	Cantidad	Total
1	1¢	1¢
2	2¢	3¢
3	4¢	7¢
4		

Diversión familiar

Haz la estimación del costo total para que tu familia vaya al cine. Llama con anticipación para averiguar el precio de admisión y si hay descuentos de matiné. Pregunta si los niños pagan precios de descuento. ¿Va a comprar algo cada uno en el puesto de comida? Si es así, haz la estimación de la cantidad de dinero total necesario para esas compras.

Atentamente,

RESPUESTA: CENTAVOS AL DÍA — SE RECIBIRÁ EL DÍA 30 ($5, 368, 709.12); SE RECIBIRÁ UN TOTAL DE $11, 737, 418.23.

Decimals

Dividing and Estimating Quotients **Date** ______________________

Dear Parents,

Our class has been learning to divide decimals and estimate quotients of decimals. When estimating, we round the divisor and the dividend before estimating the quotient. Sometimes we divide decimals mentally, and other times we use paper and pencil or a calculator. Sometimes one method is obviously the best choice.

You can help your child practice dividing decimals and estimating quotients of decimals by doing one or two of the following activities together. Include other family members if possible.

Let's Split the Check
The next time your family eats out, estimate each person's share of the check when it is split equally. Then figure how much each person would owe if they only paid for what they ate. Compare your estimate to each person's real share. Did estimating by splitting equally give you a fairly accurate bill for each person?

Dream Vacation
Examine the Travel section in the weekend edition of a daily newspaper and plan a dream vacation for your family. Use resources at your local library to estimate transportation, hotel, entertainment, food, and miscellaneous expenses. Compare this total with the cost of a similar travel package.

Unit Prices
Do some comparison shopping. Choose a favorite kind of breakfast cereal, peanut butter, and juice. For each item, go to the store to find the cost for three different sizes of the same brand item. Make a table on a separate sheet of paper to record the items, sizes, prices and the unit prices (per ounce). At home you can use a calculator to find the unit price.

What differences do you notice in the unit prices? For each item, determine which size is the best value. Give reasons for your findings.

Sincerely,

Decimales

División y estimación de cocientes **Fecha** ______________________

Estimados padres de familia:

En clase hemos estado aprendiendo a dividir decimales y a hacer estimación de cocientes de decimales. Al hacer estimaciones, redondeamos el divisor y el dividendo antes de hacer la estimación del cociente. A veces dividimos decimales mentalmente, y otras veces usamos papel y lápiz o una calculadora. A veces un método es obviamente la mejor opción.

Para ayudar a su hijo o hija a practicar la división y la estimación de cocientes de decimales, hagan juntos una o dos de las siguientes actividades. Si es posible, incluyan a otros miembros de la familia.

Dividamos la cuenta
La próxima vez que la familia coma en un restaurante, haz la estimación del consumo de cada persona al dividir la cuenta en partes iguales. Después calcula cuánto pagaría cada persona si sólo pagara lo que se comió. Compara tu estimación con el consumo real de cada persona. ¿Te dio una cuenta bastante exacta para cada persona el hacer la estimación dividiendo en partes iguales?

Las vacaciones de tus sueños
Examina la sección de viajes en el periódico del fin de semana y planifica unas vacaciones ideales para tu familia. Haz la estimación del transporte, hotel, entretenimiento, comida y gastos varios usando los recursos de tu biblioteca local. Compara ese total con el costo de un paquete de viaje similar.

Precio de unidad
Haz algunas compras y compara. Escoge una clase de cereal para desayuno que te guste, mantequilla de cacahuate y jugo. Por cada artículo, anda a la tienda a averiguar el costo de un artículo en tres tamaños diferentes de la misma marca. Haz una tabla en otra hoja de papel y anota cada artículo, tamaño, precio y precio de unidad por onza. En casa calcula el precio por unidad con una calculadora.

¿Qué diferencias ves en los precios por unidad? Por cada artículo, determina qué tamaño es la mejor compra. Explica las razones de tu respuesta.

Atentamente,

Decimals

Problem Solving Using Multiplication and Division **Date** ____________________

Dear Parents,

Our class has been learning to solve problems by multiplying and dividing decimals. We use a calculator or paper and pencil to find an exact answer.

You can help your child practice solving problems involving decimals by doing one or two of the following activities together. Remember to move the decimal in both the divisor and the dividend before dividing, and to check the placement of the decimal in the product after multiplying.

MPG
Calculate the miles per gallon (mpg) or kilometers per liter (kpl) for your family auto.
Follow these steps:

1. Fill the gas tank.
2. Record the odometer reading.
3. Next time you need gas, (a) find the miles (or kilometers) driven by subtracting the current odometer reading from the previous odometer reading, and (b) divide the miles (or kilometers) driven by the amount of gas (in gallons or liters) purchased this second time.

The answer is the mpg or kpl for your auto.

If possible, compare mpg or kpl for mostly highway driving to that for city driving conditions. Can you guess why the numbers are different?

Wages and Salaries
Use a wage of $4.75 per hour to calculate a yearly salary for someone working 40 hours a week for 52 weeks.

Next, find several ads in your newspaper's Jobs Available section that advertise yearly salaries. Calculate a weekly (divide by 52) and a monthly (divide by 12) salary. Compare these wages and salaries to the salaries received by various entertainment figures in sports, TV, and film.

Sincerely,

Decimales

Resolución de problemas de multiplicación y división **Fecha** ______________________

Estimados padres de familia:

En clase hemos estado aprendiendo a resolver problemas multiplicando y dividiendo decimales. Usamos una calculadora o papel y lápiz para hallar una respuesta exacta.

Para ayudar a su hijo o hija a practicar la resolución de problemas con decimales, hagan juntos una o dos de las siguientes actividades. Recuerden correr el punto decimal tanto en el divisor como en el dividendo antes de dividir, y revisen el lugar del decimal en el producto después de multiplicar.

MPG
Calcula las millas por galón (mpg) o kilómetros por litro (kpl) del carro familiar.
Sigue los siguientes pasos:

1. Se llena el tanque de gasolina.
2. Anota la lectura del odómetro.
3. La próxima vez que necesiten gasolina, (a) calcula las millas (o kilómetros) recorridas restando la lectura actual en el odómetro de la lectura anterior, y (b) dividiendo las millas (o kilómetros) recorridas por la cantidad de gasolina (en galones o litros) comprada la segunda vez.

La respuesta es el mpg o kpl del carro.

Si es posible, compara el mpg o kpl de lo que se recorre principalmente en carretera y de lo que se recorre en la ciudad. ¿Adivinas por qué son diferentes los resultados?

Pagos y salarios
Usa el pago de $4.75 por hora para calcular un salario anual para alguien que trabaja 40 horas a la semana durante 52 semanas.

Después, busca varios anuncios en la sección de trabajos disponibles del periódico donde indican salarios anuales. Calcula un salario semanal (divide por 52) y uno mensual (divide por 12). Compara estos pagos y salarios con los salarios que reciben varios de los personajes de entretenimiento en deportes, televisión y cine.

Atentamente,

Fractions and Mixed Numbers

Adding **Date** ______________________

Dear Parents,

Our class has been learning to add fractions. Whenever fractions have different denominators, we find a common denominator before adding. You can help your child practice adding fractions by doing one or two of the following activities with your child. Include other family members if possible.

Fractions in the Real World

Find examples of uses of fractions outside the classroom. Some possibilities include recipes ($2\frac{1}{4}$ cups), measurements ($5\frac{1}{2}$ feet), time (quarter to 9), fabric ($3\frac{3}{4}$ yards), stock market prices, and newspaper and magazine ads. Make a collage of the samples you find.

Fraction Cards

Use the ace (which will be 1) through 10 cards from a deck of cards. Deal all the cards to two or more players. All players turn over the top two cards and each makes a proper fraction (a proper fraction is less than 1). The player who makes the greater fraction takes all those cards and keeps them facedown on the bottom of his or her pile. Play continues until one player has all the cards.

For example,

$$\frac{\boxed{3}}{\boxed{10}} \qquad \frac{\boxed{5}}{\boxed{9}}$$

The player with $\frac{5}{9}$ wins the cards because $\frac{5}{9} > \frac{3}{10}$.

Sincerely,

Fracciones y números mixtos

Suma **Fecha** ____________________

Estimados padres de familia:

En clase hemos estado aprendiendo a sumar fracciones. Cuando las fracciones tienen diferente denominador, buscamos un denominador común antes de sumar. Para ayudar a su hijo o hija a practicar la suma de fracciones, hagan juntos una o dos de las siguientes actividades. Si es posible, incluyan a otros miembros de la familia.

Fracciones en la vida real
Busca ejemplos de usos de fracciones fuera de la clase. Algunas de las posibilidades son las recetas ($2\frac{1}{4}$ tazas), medidas ($5\frac{1}{2}$ pies), tiempo (cuarto para las 9), tela ($3\frac{3}{4}$ yardas), precios de acciones de la bolsa y anuncios de periódicos y revistas. Haz un collage con las muestras que encuentres.

Naipes de fracciones
Usa el as (que será 1) hasta 10 naipes de una baraja. Reparte todos los naipes a dos o más jugadores. Todos los jugadores dan vuelta a los dos naipes de encima y cada quien forma una fracción propia (una fracción propia es menor que 1). El jugador que forme la fracción más grande toma todos esos naipes y los pone boca abajo al fondo de su grupo de naipes. Se sigue jugando hasta que un jugador tenga todos los naipes.

Por ejemplo:

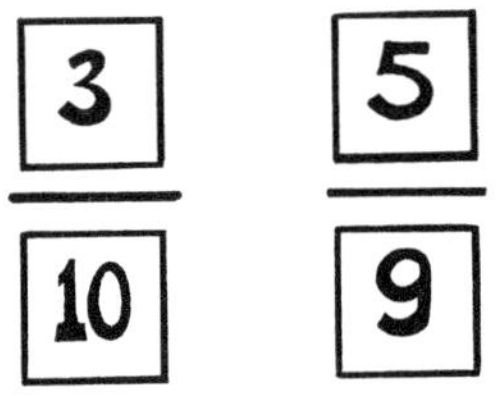

El jugador que tiene $\frac{5}{9}$ gana los naipes porque $\frac{5}{9} > \frac{3}{10}$.

Atentamente,

Fractions and Mixed Numbers

Subtracting **Date** ____________________

Dear Parents,

Our class has been learning to subtract fractions. When we subtract fractions, we find a common denominator when necessary. Sometimes we subtract mentally or we use paper and pencil.

You can help your child practice subtracting fractions by doing the following activity with your child. Include other family members if possible.

Daily Life Fractions
Think of everything you do within a 24-hour period.

Estimate the time (to the nearest whole hour) that you spend in a typical day in each category. Write that number as the numerator and write the time as a fractional part of a day (use 24 hours). For example, if you sleep for 8 hours, then write $\frac{8}{24}$. Most of your time probably fits into one of the following categories:

________	school (or work)	________	recreation
________	eating	________	homework
________	dressing	________	TV watching
________	chores	________	reading
________	commuting	________	sleeping
________	exercise		

Compare these fractions. Are any equal? Which is the greatest? Which is the least? What is the difference between the times for sleeping and watching TV?

Make a pie chart that looks like a clock. Have each wedge represent your categories and their fractional part of the day. Make a list and pie chart for each member of the family. Any interesting findings when you compare typical days?

Sincerely,

Fracciones y números mixtos

Resta **Fecha** ____________________

Estimados padres de familia:

En clase hemos estado aprendiendo a restar fracciones. Cuando restamos fracciones, buscamos un denominador común si es necesario. A veces restamos mentalmente o usamos papel y lápiz.

Para ayudar a su hijo o hija a practicar la resta de fracciones, hagan juntos la siguiente actividad. Si es posible, incluyan a otros miembros de la familia.

Fracciones de la vida diaria
Piensa en todo lo que haces durante un período de 24 horas.

Haz una estimación del tiempo (a la hora en punto más cercana) que pasarías en cada categoría en un día común. Escribe ese número como el numerador y escribe el tiempo como una parte fraccionaria de un día (usa 24 horas). Por ejemplo, si duermes 8 horas, escribe $\frac{8}{24}$. La mayor parte de tu tiempo probablemente cae bajo una de las siguientes categorías:

_______ escuela (o trabajo)
_______ comer
_______ vestirse
_______ quehaceres
_______ transporte
_______ ejercicio
_______ recreación
_______ tareas escolares
_______ mirar televisión
_______ leer
_______ dormir

Compara esas fracciones. ¿Son equivalentes? ¿Cuál es la mayor? ¿Cuál es la menor? ¿Cuál es la diferencia entre el tiempo de dormir y el de mirar televisión?

Haz una gráfica circular (en forma de pastel) que parezca un reloj. Cada una de las secciones va a representar tus categorías y la parte fraccionaria del día. Haz una lista y una gráfica para cada miembro de la familia. ¿Ves resultados interesantes al comparar días comunes?

Atentamente,

Fractions and Mixed Numbers

Problem Solving Using Addition and Subtraction **Date** ______________

Dear Parents,

Our class has been solving problems by adding and subtracting fractions. You can help your child practice solving problems involving addition and subtraction of fractions by doing one or both of the following activities with your child. Include other family members if possible.

Traveling
Estimate how much exercise you get by walking, skating, or riding your bike in a week. What is the estimated distance you travel?

Then, whenever you walk, skate, or ride a bike from your home to school, the park, the store, the library, or a friend's house, write down the distance as a fraction of a mile. Estimate each distance if necessary. At the end of the day, add the distances. After a week, add the daily distances.

Is the actual weekly distance more or less than you had estimated?

Stock Market
Choose a company listed on the New York Stock Exchange. You might want to choose a toy company, a major department store, or a restaurant chain. Keep track of the stock price over a two-week period. Pretend that you have invested in 100 shares of that company. If you sold the stock after two weeks, would you have gained or lost money?

Sincerely,

Fracciones y números mixtos

Resolución de problemas de suma y resta **Fecha** ________________

Estimados padres de familia:

En clase hemos estado resolviendo problemas sumando y restando fracciones. Para ayudar a su hijo o hija a practicar la resolución de problemas con suma y resta de fracciones, hagan juntos una de las siguientes actividades, o ambas. Si es posible, incluyan a otros miembros de la familia.

Recorridos
Haz una estimación de cuánto ejercicio haces al caminar, patinar o montar en bicicleta durante una semana. ¿Cuál es, aproximadamente, la distancia que recorres?

Después, cuando camines, patines o montes en bicicleta de tu casa a la escuela, al parque, a la tienda, la biblioteca o la casa de un amigo o amiga, escribe la distancia como una fracción de una milla. Haz la estimación de la distancia si es necesario. Al final del día, suma las distancias. Después de una semana, suma las distancias diarias.

¿Es la distancia semanal real mayor o menor que tu estimación?

Bolsa de valores
Escoge una compañía listada en la bolsa de valores llamada New York Stock Exchange. Por ejemplo, podrías escoger una compañía de juguetes, una tienda de departamentos o una cadena de restaurantes. Lleva anotaciones del precio de las acciones durante un período de dos semanas. Imagina que has invertido en 100 acciones de esa compañía. Si vendieras las acciones después de dos semanas, ¿habrías ganado o perdido dinero?

Atentamente,

Fractions and Mixed Numbers

Multiplying **Date** ____________________

Dear Parents,

Our class has been learning to multiply fractions. When we multiply fractions, we usually check that the answer is in lowest terms. Sometimes we can "cancel out" factors before multiplying. For example: $\frac{1}{4} \times \frac{2}{3} = \frac{1}{4} \times \frac{2}{3} = \frac{1}{6}$

You can help your child practice multiplying fractions by doing one or both of the following activities with your child. Include other family members if possible.

Paper Folding

You can show some multiplications by folding paper. Study the example below.

$\frac{1}{4} \times \frac{1}{2}$

First, fold the paper into fourths. Next, fold the folded paper in half.
Then unfold the paper and color one section of the paper.

$\frac{1}{4} \times \frac{1}{2} = \frac{1}{8}$

Now try these. Use a separate piece of paper for each one.

1. $\frac{1}{2} \times \frac{2}{3}$
2. $\frac{2}{3} \times \frac{3}{4}$
3. $\frac{1}{4} \times \frac{2}{3}$
4. $\frac{3}{4} \times \frac{3}{8}$

Recipe Change

Together find a favorite recipe where ingredients are shown in fractional amounts. Suppose you need to double or even triple it for serving at a party. Have your child find the new amount of each ingredient by multiplying by 2 or 3.

Sincerely,

Fracciones y números mixtos

Multiplicación **Fecha** ____________________

Estimados padres de familia:

En clase hemos estado aprendiendo a multiplicar fracciones. Cuando multiplicamos fracciones, por lo general verificamos si la respuesta está escrita en su mínima expresión. A veces "cancelamos" factores antes de multiplicar. Por ejemplo: $\frac{1}{4} \times \frac{2}{3} = \frac{1}{4} \times \frac{2}{3} = \frac{1}{6}$

Para ayudar a su hijo o hija a practicar la multiplicación de fracciones, hagan juntos una de las siguientes actividades, o ambas. Si es posible, incluyan a otros miembros de la familia.

Dobleces en papel

Se pueden mostrar algunas multiplicaciones doblando papel. Estudia el ejemplo de abajo.

$\frac{1}{4} \times \frac{1}{2}$

Primero, dobla el papel en cuartos. Después, dobla el papel por la mitad. Luego, desdobla el papel y colorea una de las secciones del papel.

$\frac{1}{4} \times \frac{1}{2} = \frac{1}{8}$

Ahora prueba éstas. Usa un pedazo de papel distinto para cada una.

1. $\frac{1}{2} \times \frac{2}{3}$
2. $\frac{2}{3} \times \frac{3}{4}$
3. $\frac{1}{4} \times \frac{2}{3}$
4. $\frac{3}{4} \times \frac{3}{8}$

Cambio en la receta

Busquen juntos una receta favorita donde los ingredientes se dan en cantidades fraccionarias. Imaginen que tienen que duplicar o incluso triplicar la receta para servir en una fiesta. Pidan al niño o niña que calcule la nueva cantidad de cada ingrediente multiplicando por 2 o por 3.

Atentamente,

Fractions and Mixed Numbers

Dividing **Date** ____________________

Dear Parents,

Our class has been learning to divide fractions. When dividing fractions, first we change the division sign to a multiplication sign, next we write the reciprocal of the second fraction, and then we multiply, canceling out factors if possible. We check that the answer is in lowest terms.

Example: $\frac{1}{4} \div \frac{1}{8} = \frac{1}{4} \times \frac{8}{1} =$

You can help your child practice dividing fractions by doing one or both of the following activities together. Include other family members if possible.

Dividing the Ruler

Use a 6-inch or 12-inch ruler.

1. How many $\frac{1}{4}$-inch segments are in 2 inches?
2. How many $\frac{3}{4}$-inch segments are in 6 inches?
3. How many $\frac{3}{8}$-inch segments are in 3 inches?
4. How many $\frac{5}{8}$-inch segments are in 5 inches?

Magic Square

A multiplication magic square has the same product in each row, column, and diagonal. Complete the magic square by multiplying and dividing. Answers are shown below.

$1\frac{1}{2}$		
	$\frac{3}{4}$	
$\frac{1}{4}$		$\frac{3}{8}$

Sincerely,

ANSWERS: DIVIDING THE RULER — ALL EQUAL 8.

$1\frac{1}{2}$	$\frac{1}{8}$	$2\frac{1}{4}$
$1\frac{1}{8}$	$\frac{3}{4}$	$\frac{1}{2}$
$\frac{1}{4}$	$4\frac{1}{2}$	$\frac{3}{8}$

Fracciones y números mixtos

División **Fecha** ______________________

Estimados padres de familia:

En clase hemos estado aprendiendo a dividir fracciones. Al dividir fracciones, primero cambiamos el signo de división por el de multiplicación, después escribimos la fracción recíproca de la segunda fracción, y luego multiplicamos cancelando factores si es posible. Verificamos si la respuesta está escrita en su mínima expresión.

Ejemplo: $\frac{1}{4} \div \frac{1}{8} = \frac{1}{4} \times \frac{8}{1} =$

Para ayudar a su hijo o hija a practicar la división de fracciones, hagan juntos una de las siguientes actividades, o ambas. Si es posible, incluyan a otros miembros de la familia.

División de una regla

Usa una regla de 6 o de 12 pulgadas.

1. ¿Cuántos segmentos de $\frac{1}{4}$ hay en 2 pulgadas?
2. ¿Cuántos segmentos de $\frac{3}{4}$ hay en 6 pulgadas?
3. ¿Cuántos segmentos de $\frac{3}{8}$ hay en 3 pulgadas?
4. ¿Cuántos segmentos de $\frac{5}{8}$ hay en 5 pulgadas?

Cuadrado mágico

Un cuadrado mágico de multiplicación tiene el mismo producto en cada fila, columna y diagonal. Completa el cuadrado mágico multiplicando y dividiendo. Las respuestas aparecen abajo.

$1\frac{1}{2}$		
	$\frac{3}{4}$	
$\frac{1}{4}$		$\frac{3}{8}$

Atentamente,

RESPUESTAS: DIVISIÓN DE UNA REGLA — TODOS EQUIVALEN A 8. CUADRADO MÁGICO

$1\frac{1}{2}$	$\frac{1}{8}$	$2\frac{1}{4}$
$1\frac{1}{8}$	$\frac{3}{4}$	$\frac{1}{2}$
$\frac{1}{4}$	$4\frac{1}{2}$	$\frac{3}{8}$

Fractions and Mixed Numbers

Problem Solving Using Multiplication and Division **Date** ______________________

Dear Parents,

Our class has been solving problems by multiplying and dividing fractions.

You can help your child practice solving problems by multiplying and dividing fractions by doing one or two of the following activities together. Include other family members if possible.

Pizza Fractions
Next time your family has pizza, figure out what fraction of the pizza each person ate. (Remember to cut the pizza in equal wedges before serving.) The total number of wedges will be the denominator of each person's serving. Reduce fractions to lowest terms.

Newspaper Ads
Look through the newspaper for sale ads. How many different fractions can you find in the ads? Choose an ad with a fraction, such as "$\frac{1}{3}$ off." What is the savings for the item advertised in the ad? What is the sale price?

Tangram
A tangram is a Chinese puzzle that divides a square into shapes. Study the tangram below. Cut out the tangram and see if you can rearrange the pieces to form a picture. Then name each part of the tangram square as a fraction of the whole.

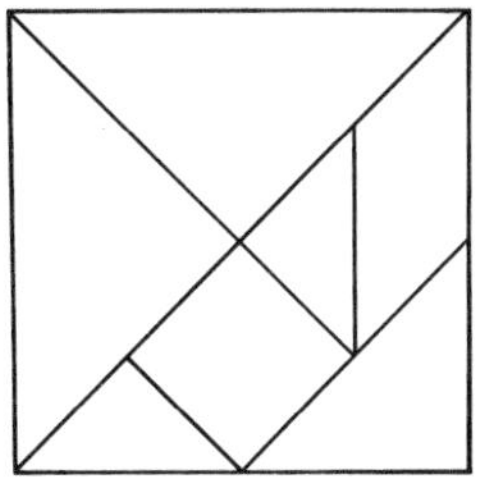

Sincerely,

ANSWER: TANGRAM — 2 LARGEST TRIANGLES: $\frac{1}{4}$ EACH; 1 MEDIUM TRIANGLE: $\frac{1}{8}$; 2 SMALLEST TRIANGLES: $\frac{1}{16}$ EACH; 1 SQUARE: $\frac{1}{8}$; 1 PARALLELOGRAM: $\frac{1}{8}$.

Fracciones y números mixtos

Resolución de problemas de multiplicación y división **Fecha** ______________________

Estimados padres de familia:

En clase hemos estado resolviendo problemas multiplicando y dividiendo fracciones.

Para ayudar a su hijo o hija a practicar la resolución de problemas multiplicando y dividiendo fracciones, hagan juntos una o dos de las siguientes actividades. Si es posible, incluyan a otros miembros de la familia.

Fracciones de pizza

La próxima vez que tu familia coma pizza, averigua qué fracción de la pizza se comió cada persona. (Recuerda cortar la pizza en pedazos iguales antes de servir.) El número total de pedazos será el denominador de lo que comió cada persona. Reduce las fracciones a su mínima expresión.

Anuncios de periódicos

Busca en periódicos anuncios de ofertas. ¿Cuántas fracciones logras encontrar en los anuncios? Escoge un anuncio con una fracción, como "$\frac{1}{3}$ de descuento". ¿Cuál es el ahorro en el artículo del anuncio? ¿Cuál es el precio de oferta?

Tangrama

Un tangrama es un rompecabezas chino que divide un cuadrado en figuras. Estudia el tangrama de abajo. Recorta el tangrama y mira si puedes arreglar las piezas para formar una figura. Después, nombra cada parte del tangrama como una fracción del entero.

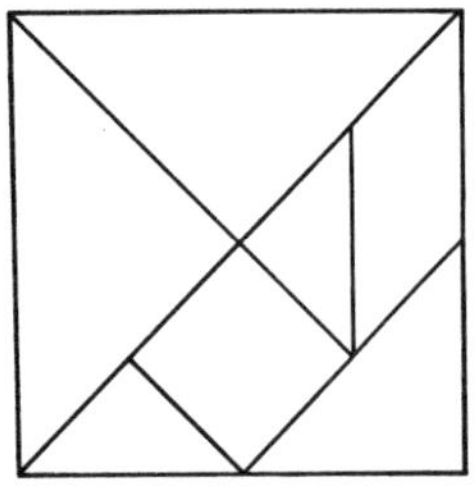

Atentamente,

RESPUESTA: TANGRAMA — LOS 2 TRIÁNGULOS MÁS GRANDES: $\frac{1}{4}$ CADA UNO; EL TRIÁNGULO MEDIANO: $\frac{1}{8}$; LOS 2 TRIÁNGULOS MÁS PEQUEÑOS: $\frac{1}{16}$ CADA UNO; EL CUADRADO: $\frac{1}{8}$; EL PARALELOGRAMO: $\frac{1}{8}$.

Geometry

Two-dimensional Shapes **Date** ______________________

Dear Parents,

Our class has been learning to identify and name two-dimensional polygons formed by line segments. A regular polygon has sides with equal lengths. Some examples are shown below.

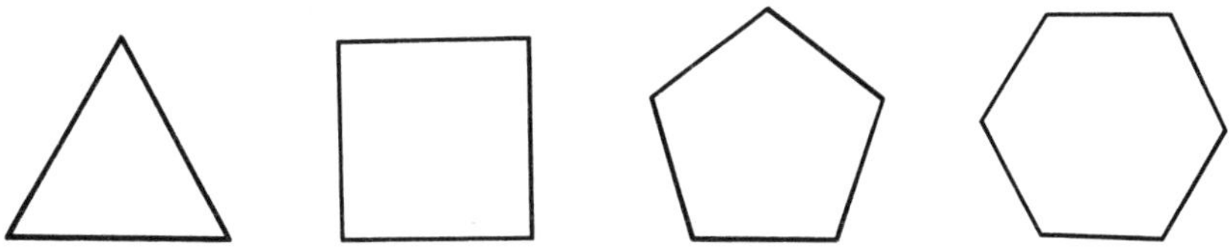

These regular polygons fit together exactly, so that no spaces are left. This pattern is called a tessellation. The design on a soccer ball is an example of a tessellation of regular pentagons and regular hexagons.

You can help your child practice identifying various polygons and tessellations by doing one or two of the following activities with your child. Include other family members if possible.

Tessellation Search
Find one or more examples of regular polygons in a tessellation in nature, magazine pictures, fabric designs, or wallpaper. Identify the regular polygon in the tessellation. Are there two or more regular polygons? Are there other shapes in the design?

M. C. Escher
Research the artwork of M. C. Escher.
Share your findings with the class.

Design a Tessellation
Create a design using two or more of the regular polygons shown on this page. Make copies of the shapes on cardboard. Trace each shape onto a piece of paper until the paper is covered in a design. Color the design.

Sincerely,

Geometría

Figuras bidimensionales **Fecha** ______________________

Estimados padres de familia:

En clase hemos estado aprendiendo a identificar y nombrar polígonos bidimensionales que se forman con segmentos de recta. Un polígono regular tiene lados cuya longitud es igual. Algunos ejemplos se muestran abajo.

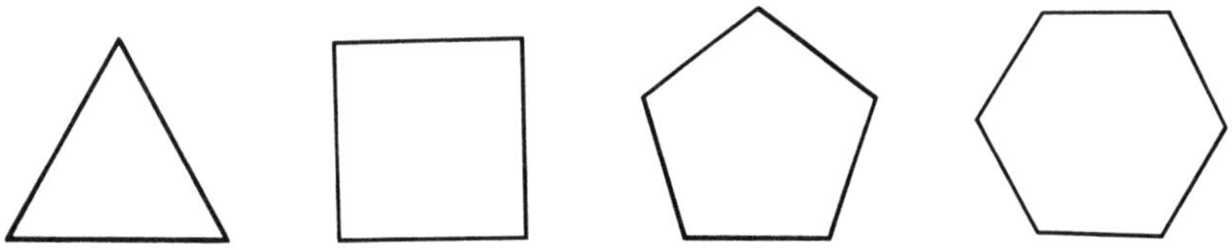

Estos polígonos regulares encajan exactamente, de manera que no sobra ningún espacio. Este patrón se llama teselado o mosaico. El diseño de una pelota de fútbol es un ejemplo de un teselado con pentágonos regulares y hexágonos regulares.

Para ayudar a su hijo o hija a practicar la identificación de varios polígonos y teselados, hagan juntos una o dos de las siguientes actividades. Si es posible, incluyan a otros miembros de la familia.

Búsqueda de teselados
Busca uno o más ejemplos de polígonos regulares en un teselado de la naturaleza, fotos de revistas, diseños de telas o papel para tapizar paredes. Identifica el polígono regular del teselado. ¿Hay dos o más polígonos regulares? ¿Hay otras figuras en el diseño?

M. C. Escher
Investiga el arte de M. C. Escher. Presenta lo que averiguaste a tu clase.

Diseña un teselado
Inventa un diseño con dos o más de los polígonos que se muestran en esta página. Haz copias de las figuras en cartón. Traza cada figura sobre un pedazo de papel hasta que el papel esté cubierto del diseño. Colorea tu diseño.

Atentamente,

Geometry

Three-dimensional Figures **Date** ____________________

Dear Parents,

Our class has been learning to identify and name three-dimensional figures formed by polygons. You can help your child practice identifying various figures by doing one or two of the following activities together. Include other family members if possible.

Flashlight Fun
Use a flashlight to make shadows of various three-dimensional objects on the wall. Describe and draw the two-dimensional shadow.

Cube Patterns
Cut cube shapes from a piece of 1-inch grid paper. Which of the following could fold into a cube pattern? Can you find other patterns?

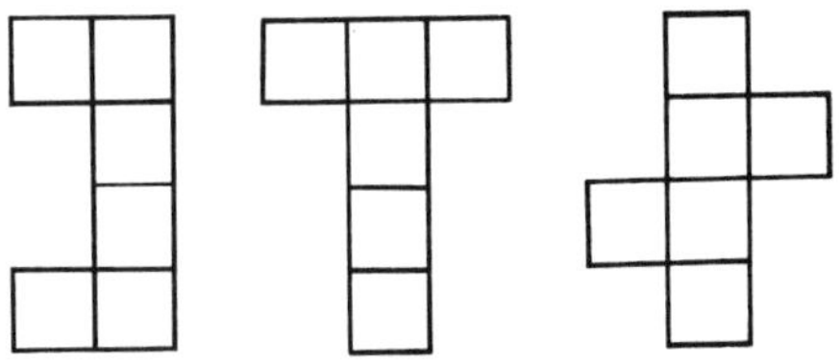

Searching for 3-D Figures
Look around your house or the grocery store for examples of three-dimensional figures. Which ones stack well? Which ones can roll? Which ones can be arranged so that no space is around the object?

3-D Monster
Use clay and toothpicks to build a 3-D creature or structure. What shapes did you use?

Sincerely,

Geometría

Figuras tridimensionales **Fecha** ____________________

Estimados padres de familia:

En clase hemos estado aprendiendo a identificar y nombrar las figuras tridimensionales que se forman con polígonos. Para ayudar a su hijo o hija a practicar la identificación de varias figuras, hagan juntos una o dos de las siguientes actividades. Si es posible, incluyan a otros miembros de la familia.

Diversión con la linterna
Con una linterna, haz sombras de varios objetos tridimensionales en una pared. Describe y dibuja la sombra bidimensional.

Patrones de cubos
Recorta figuras de cubos en un pedazo de papel cuadriculado de 1 pulgada. ¿Cuál de los siguientes se podría doblar para formar un patrón de cubo? ¿Ves otros patrones?

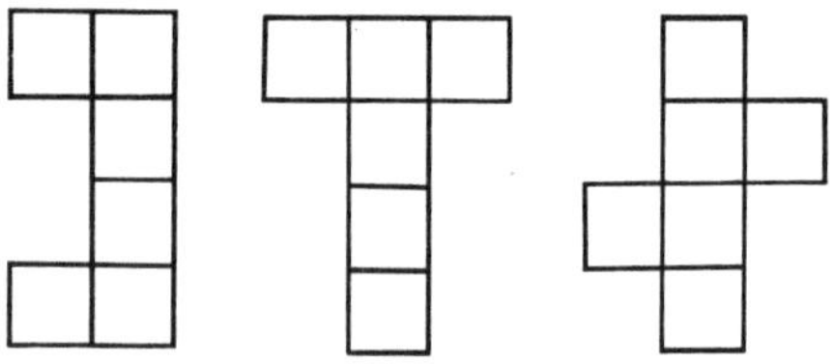

Búsqueda de figuras tridimensionales
Busca en tu casa o en el supermercado ejemplos de figuras tridimensionales. ¿Cuáles se pueden apilar bien una sobre otra? ¿Cuáles pueden rodar? ¿Cuáles pueden arreglarse de manera que no quede espacio alrededor del objeto?

Monstruo tridimensional
Con plastilina y palillos de dientes, forma un monstruo o una estructura tridimensional. ¿Qué figuras usaste?

Atentamente,

Geometry

Angles **Date** ____________________

Dear Parents,

Our class has been learning about different kinds of angles and how to draw and measure angles using a protractor. You can help your child review what he or she has learned about angles by doing one or both of the following activities together. Include other family members if possible.

Using a Protractor

Tape one end of a piece of string (about 10 inches or 25 centimeters long) to the back of a protractor. Thread the other end of the string through the hole in the center of the straight edge of the protractor. When necessary, use the string to extend the side of an angle to the protractor's scale.

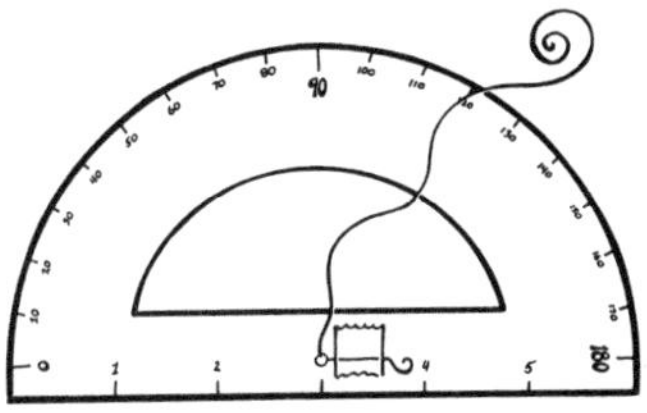

Use the protractor to measure angles throughout the house. Measure the angles in wallpaper designs, floor tiles, windowpanes, and fabrics such as window curtains, place mats, and clothing.

Making Triangles

You will need 5 plastic drinking straws, 9 small paper clips, a ruler, and scissors. Cut the straws into three 5-inch pieces, three 3-inch pieces, and four 4-inch pieces. Open the paper clips so that one end can be inserted into the end of a straw. Make an isosceles triangle, an equilateral triangle, and a right triangle. Use all of the pieces and connect them with the paper clips.

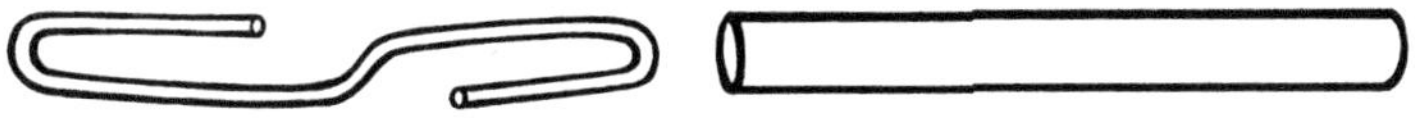

Sincerely,

Geometría

Ángulos **Fecha** ______________

Estimados padres de familia:

En clase hemos estado aprendiendo sobre diferentes clases de ángulos y cómo dibujar y medir los ángulos con un transportador. Para ayudar a su hijo o hija a repasar lo que ha aprendido sobre ángulos, hagan juntos una de las siguientes actividades, o ambas. Si es posible, incluyan a otros miembros de la familia.

Uso del transportador
Pega con cinta adhesiva un extremo de un pedazo de cordel (de 10 pulgadas o 25 centímetros de largo aproximadamente) al reverso del transportador. Mete el otro extremo del cordel por el agujero en el centro de la regla recta del transportador. Cuando sea necesario, usa el cordel para extender el lado de un ángulo a la escala del transportador.

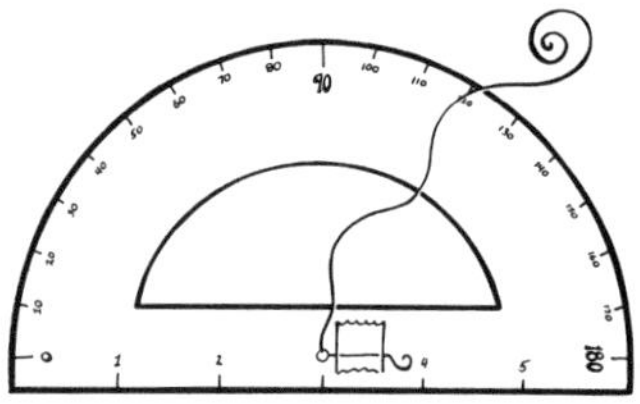

Usa el transportador para medir ángulos por toda la casa. Mide los ángulos en el papel para tapizar paredes, pisos, ventanas y telas, como cortinas de ventanas, manteles y ropa.

Hacer triángulos
Vas a necesitar 5 popotes, 9 sujetapapeles pequeños, una regla y tijeras. Corta los popotes en 3 pedazos de 5 pulgadas, 3 pedazos de 3 pulgadas y 4 pedazos de 4 pulgadas. Abre los sujetapapeles para que un extremo pueda meterse en un extremo del popote. Forma un triángulo isósceles, un triángulo equilátero y un triángulo rectángulo. Usa todos los pedazos y conéctalos con los sujetapapeles.

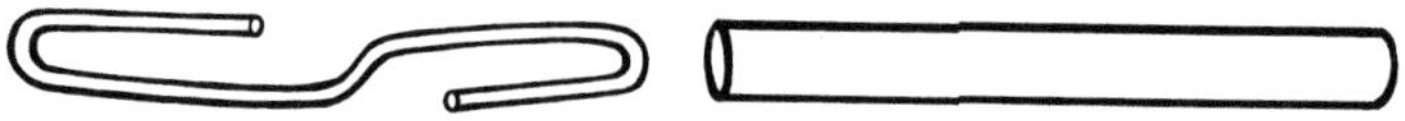

Atentamente,

Geometry

Constructions **Date** ____________________

Dear Parents,

Our class has been learning the meanings of some geometric terms. You can help your child reinforce these terms by doing the following activity together. Include other family members if possible.

You will need a pencil, paper, a compass, and a straightedge for the following activities.

Circle Pattern Designs
Draw a circle using a compass. Keep the compass setting and mark off arcs around the circumference of the circle. You will have 6 marks. Now connect these points and a hexagon will be within the circle.

Try it again. But this time, connect alternate points and a triangle will be within the circle.

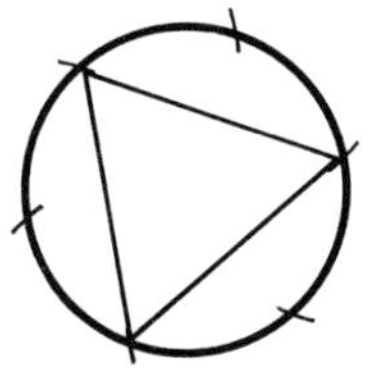

Now create a design within the circle. Connect adjacent points, alternate points, and opposite points. Color the design using markers or crayons.

Sincerely,

Geometría

Construcciones **Fecha** ____________________

Estimados padres de familia:

En clase hemos estado aprendiendo el significado de algunos términos de geometría. Para ayudar a su hijo o hija a reforzar estos términos, hagan juntos la siguiente actividad. Si es posible, incluyan a otros miembros de la familia.

Para la siguiente actividad, vas a necesitar lápiz, papel, un compás y una escuadra.

Diseños con patrones circulares
Dibuja un círculo con un compás. Deja la medida en el compás y marca arcos alrededor de la circunferencia del círculo. Tendrás 6 marcas. Ahora conecta esos puntos y tendrás un hexágono dentro del círculo.

Inténtalo otra vez. Pero esta vez, conecta los puntos alternos y tendrás un triángulo dentro del círculo.

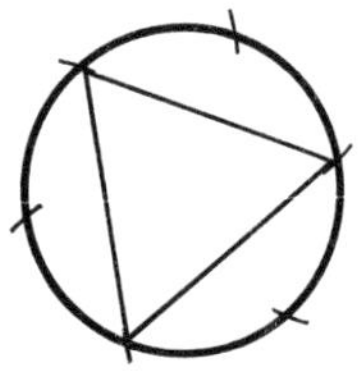

Ahora haz un diseño dentro del círculo. Conecta los puntos adyacentes, los puntos alternos y los puntos opuestos. Colorea el diseño con marcadores o crayones.

Atentamente,

Geometry

Symmetry **Date** ____________________

Dear Parents,

Our class has been learning about figures that have at least one line of symmetry. If the figure is folded on the line of symmetry, then both parts will match.

You can help your child with this concept by doing one or both of the following activities together. Include other family members if possible.

Symmetrical Shapes
Trace and then cut out each of the following shapes.

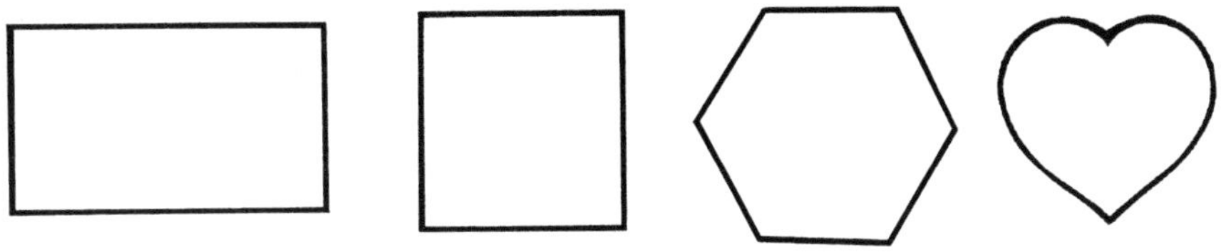

How many lines of symmetry can you find by folding each shape to see whether both parts match?

Symmetrical Letters
Which of the following capital letters have lines of symmetry? Draw the lines.

A B C D E F G H I

J K L M N O P Q R

S T U V W X Y Z

Sincerely,

ANSWERS: SYMMETRICAL SHAPES — SQUARE: 4; RECTANGLE: 2; HEXAGON: 6; HEART: 2. SYMMETRICAL LETTERS — A, B, C, D, E, H, I, K, M, O, T, U, V, W, X, Y.

Geometría

Simetría **Fecha** ____________________

Estimados padres de familia:

En clase hemos estado aprendiendo acerca de figuras que tienen por lo menos un eje de simetría. Si la figura se dobla por el eje de simetría, entonces ambas partes van a coincidir.

Para ayudar a su hijo o hija con este concepto, hagan juntos una o dos de las siguientes actividades. Si es posible, incluyan a otros miembros de la familia.

Figuras simétricas
Traza y después recorta cada una de las siguientes figuras.

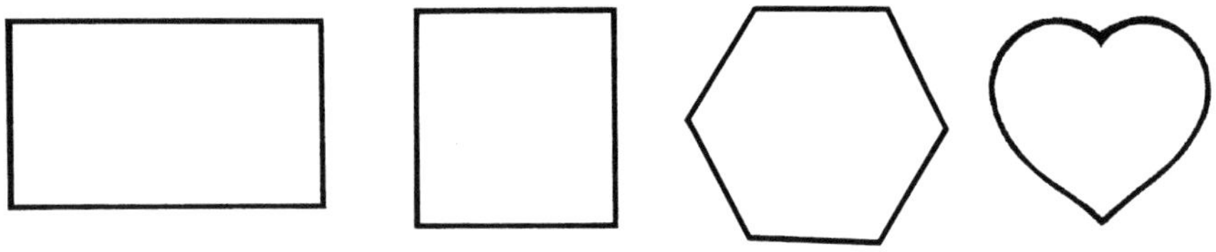

¿Cuántos ejes de simetría ves al doblar cada figura para ver si ambas partes coinciden?

Letras simétricas
¿Cuál de siguientes letras mayúsculas tienen ejes de simetría? Dibuja los ejes.

A B C D E F G H I
J K L M N O P Q R
S T U V W X Y Z

Atentamente,

RESPUESTAS: FIGURAS SIMÉTRICAS — CUADRADO: 4; RECTÁNGULO: 2; HEXÁGONO: 6; CORAZÓN: 2. LETRAS SIMÉTRICAS — A, B, C, D, E, H, I, K, M, O, T, U, V, W, X, Y.

Measurement

Metric Length **Date** ____________________

Dear Parents,

Our class has been using metric units to measure length. These units include the mm (millimeter), cm (centimeter), m (meter), and km (kilometer). Most rulers include millimeters and centimeters.

You can help your child practice metric length by doing one or two of the following activities together. Include other family members if possible.

Conversion Guide
Look in a dictionary or another reference for a conversion chart for metric and U.S. customary measurements. Discuss the relationship of a centimeter to an inch, a meter to a yard, a kilometer to a mile, etc. Write out the conversions together on an index card as a handy conversion guide.

Reference Lengths
First, estimate to the nearest centimeter the lengths of your index finger, the width of your knuckles, the width of your thumb, and your height. Then measure to find the actual measurements, and use them as reference lengths when estimating metric lengths.

Measuring Small Objects
You can measure objects such as marbles or coins using the following method. Line up 10 of the objects with no space between them. You may need to place rolling objects in an area that restricts any movement. Then measure the total length of the 10 objects and divide by 10 to find the length of a single object.

Find the measurement of each of the following to the nearest millimeter:

1. one penny
2. one nickel
3. one marble
4. width of one paper clip
5. width of one pencil

Sincerely,

ANSWERS: MEASURING SMALL OBJECTS — ANSWERS MAY VARY. (1) 19MM; (2) 21MM; (3) 15MM; (4) 10MM; (5) 7MM.

Medición

Medidas de longitud del sistema métrico **Fecha** ______________________

Estimados padres de familia:

En clase hemos estado usando unidades métricas para medir la longitud. Entre estas unidades se encuentran el milímetro (mm), el centímetro (cm), el metro (m) y el kilómetro (km). La mayoría de las reglas tienen milímetros y centímetros.

Para ayudar a su hijo o hija a practicar la longitud en unidades métricas, hagan juntos una o dos de las siguientes actividades. Si es posible, incluyan a otros miembros de la familia.

Guía de conversión
Busca en un diccionario o en otra fuente de consulta una tabla de conversión de medidas métricas y del sistema inglés. Con tu familia, habla de la relación de un centímetro y una pulgada, un metro y una yarda, un kilómetro y una milla, etc. Escriban juntos la conversión en una tarjeta o ficha para que sirva como guía práctica de conversión.

Longitudes de referencia
Primero, haz una estimación al centímetro más cercano de la longitud de tu dedo índice, el ancho de tus nudillos, el ancho de tu dedo pulgar y tu altura. Después, mide para ver cuáles son las medidas verdaderas, y úsalas como longitudes de referencia al hacer estimaciones de longitud en unidades métricas.

Medir objetos pequeños
Para medir objetos como canicas y monedas se puede seguir el siguiente método. Arregla 10 de los objetos en línea sin espacio entre ellos. Es posible que haya que poner los objetos que ruedan en un lugar que no permite movimiento. Después, mide la longitud total de los 10 objetos y divide por 10 para saber cuál es la longitud de un solo objeto.

Halla la medida de cada uno de los siguientes objetos al milímetro más cercano:

1. un centavo
2. una moneda de cinco centavos
3. una canica
4. ancho de un sujetapapeles
5. ancho de un lápiz

Atentamente,

RESPUESTAS: MEDIR OBJETOS PEQUEÑOS — LAS RESPUESTAS VARIARÁN. — (1) 19MM; (2) 21MM; (3) 15MM; (4) 10MM; (5) 7MM.

Measurement

Customary Length **Date** ____________________

Dear Parents,

We have been measuring length using U.S. customary measurements. These units include the in. (inch), ft (foot), yd (yard), and mi (mile). You can help your child practice using customary units to measure length by doing one or two of the following activities together. Include other family members if possible.

Matching Measurements

Which two measurements are equal? Use the Table of Measures found in your math book or a dictionary.

1. 101 in.	A. 432 in.
2. 241 in.	B. 1650 ft
3. 36 ft	C. 2 yd 2 ft 5 in.
4. 5000 in.	D. 138 yd 32 in.
5. 3 mi	E. 1800 in.
6. 50 yd	F. 6 yd 2 ft 1 in.
7. 550 yd	G. 15,840 ft

Fabric Shop

Fabric is sold by the yard or fractional part of a yard. Go to a fabric shop and look through a pattern book. Select a pattern for a costume or outfit you like. Then determine how much fabric and other materials you would need to make the costume or outfit. Determine how much these materials will cost.

How Much Is a Million?

Find the book *How Much Is a Million?* by David M. Schwartz at your school or public library. Read the book and also the back section, "A Note from the Author," for an explanation of the calculations used.

Sincerely,

ANSWERS: MATCHING MEASUREMENTS — (1) C; (2) F; (3) A; (4) D; (5) G; (6) E; (7) B.

Medición

Medidas de longitud del sistema inglés **Fecha** ______________________

Estimados padres de familia:

En clase hemos estado midiendo la longitud con las medidas del sistema inglés que se usan en Estados Unidos. Entre estas unidades se encuentran la pulgada (inch, in.), el pie (foot, ft), la yarda (yard, yd) y la milla (mile, mi.).

Para ayudar a su hijo o hija a practicar la longitud en unidades del sistema inglés, hagan juntos una o dos de las siguientes actividades. Si es posible, incluyan a otros miembros de la familia.

Medidas equivalentes
¿Qué par de medidas son equivalentes? Usa la tabla de medidas que aparece en tu libro de matemáticas o en un diccionario.

1. 101 in.	A. 432 in.
2. 241 in.	B. 1650 ft
3. 36 ft	C. 2 yd 2 ft 5 in.
4. 5000 in.	D. 138 yd 32 in.
5. 3 mi	E. 1800 in.
6. 50 yd	F. 6 yd 2 ft 1 in.
7. 550 yd	G. 15,840 ft

Tienda de telas
La tela se vende por yarda o una parte fraccionaria de una yarda. Anda a una tienda de telas y hojea un libro de patrones. Escoge un patrón para un disfraz o un conjunto que te guste. Después, determina cuánta tela y qué otros materiales necesitas para hacer el disfraz o conjunto. Determina cuánto costarán los materiales.

¿Cuánto es un millón?
Busca el libro *How Much Is a Million?* escrito por David M. Schwartz en la biblioteca pública o de tu escuela. Lee el libro y también la sección que tiene al final donde el autor explica los cálculos que se usaron.

Atentamente,

RESPUESTAS: MEDIDAS EQUIVALENTES — (1) C; (2) F; (3) A; (4) D; (5) G; (6) E; (7) B.

Measurement

Perimeter **Date** ____________________

Dear Parents,

Our class has been learning about perimeter of geometric figures. Perimeter is the distance (or the rim) around the figure.

You can help your child reinforce the concept of perimeter by doing one or two of the following activities together. Include other family members if possible.

Measure Perimeters
Use string to measure the perimeters of all the tables in your home. Can you find a table in your home with a perimeter of 180 inches? If not, what's the closest you can find?

Fence the Yard
A fence is built around a square backyard. Each side has four fence posts. The fence posts are set 5 feet apart. How many fence posts are around the backyard? What is the perimeter of the backyard?

Draw a diagram of the backyard to scale. Remember to include a key to show your measurement scale. (Example: 1 in. = 1 ft)

How Many Rectangles?
On a piece of grid paper, draw rectangles with whole-number dimensions and perimeters of 40 units. How many different rectangles are possible?

Sincerely,

ANSWERS: FENCE THE YARD — 12 POSTS, 60 FEET. HOW MANY RECTANGLES? — 10 RECTANGLES.

Medición

Perímetro **Fecha** ______________________

Estimados padres de familia:

En clase hemos estado aprendiendo sobre el perímetro de figuras geométricas. El perímetro es la distancia que hay alrededor del contorno de una figura.

Para ayudar a su hijo o hija a reforzar el concepto de perímetro, hagan juntos una o dos de las siguientes actividades. Si es posible, incluyan a otros miembros de la familia.

Mide el perímetro
Mide el perímetro de todas las mesas de tu casa usando un cordel. ¿Hay alguna mesa en tu casa que tenga un perímetro de 180 pulgadas? Si no, ¿cuál es la más cercana que hay?

Cerca para el patio
Hay una cerca alrededor de un patio cuadrado. Cada lado tiene cuatro postes. Los postes están colocados a 5 pies de distancia entre ellos. ¿Cuántos postes hay en el patio? ¿Cuál es el perímetro del patio?

Dibuja un diagrama del patio a escala. Recuerda escribir la clave para mostrar la escala de tus medidas. (Ejemplo: 1 pulgada = 1 pie)

¿Cuántos rectángulos hay?
En una hoja de papel cuadriculado, dibuja rectángulos que tengan medidas en números enteros y un perímetro de 40 unidades. ¿Cuántos rectángulos diferentes puede haber?

Atentamente,

RESPUESTAS: CERCA PARA EL PATIO — 12 POSTES, 60 PIES. ¿CUÁNTOS RECTÁNGULOS HAY? — 10 RECTÁNGULOS

Measurement

Circumference **Date** ____________________

Dear Parents,

Our class has been learning about the circumference of circles. Circumference is the distance around a circle. You can help your child reinforce the concept of circumference by doing the following activity together. Include other family members if possible.

Comparing the Measurements

You will need a flexible measuring tape and five different sizes of circular objects you can find in your home, such as a coaster, a jar lid, a dinner plate, a bike wheel, and a coffee can.

1. Use the measuring tape to measure the distance around (the circumference of) each circular object to the nearest whole inch or centimeter.
2. Then measure across the object from one side to the other through its center (the diameter) to the nearest whole inch or centimeter.
3. Record the measurements in the chart below.
4. Finally, use a calculator to find the ratio of the circumference to the diameter.

	Object	Circumference *(C)*	Diameter *(d)*	*C/d (C ÷ d)*
1.	________	________	________	________
2.	________	________	________	________
3.	________	________	________	________
4.	________	________	________	________
5.	________	________	________	________

Look at the ratio *C/d* for the different objects. These numbers should be about the same. This ratio is about 3.14, or π (pi), for any circle. A reasonable estimate of the circumference of any circle is about 3 times the diameter of the circle.

Sincerely,

Medición

Circunferencia **Fecha** ____________________

Estimados padres de familia:

En clase hemos estado aprendiendo sobre la circunferencia de círculos. La circunferencia es la distancia que hay en el contorno de un círculo.

Para ayudar a su hijo o hija a reforzar el concepto de circunferencia, hagan juntos una o dos de las siguientes actividades. Si es posible, incluyan a otros miembros de la familia.

Comparación de medidas
Vas a necesitar una cinta flexible de medir y cinco tamaños distintos de objetos circulares que encuentres en tu casa, como una tapa de frasco, un plato, una llanta de bicicleta y una lata de café.

1. Con la cinta de medir, mide la distancia que hay en el contorno (la circunferencia) de cada objeto circular redondeando a la pulgada o al centímetro más cercano.
2. Después, mide de un lado a otro del objeto pasando por el centro (el diámetro) redondeando a la pulgada o al centímetro más cercano.
3. Anota las medidas en la tabla de abajo.
4. Por último, halla la razón de la circunferencia al diámetro usando una calculadora.

	Objeto	Circunferencia *(C)*	Diámetro *(d)*	C/d *(C ÷ d)*
1.	________	________	________	________
2.	________	________	________	________
3.	________	________	________	________
4.	________	________	________	________
5.	________	________	________	________

Fíjate en la razón C/d correspondiente a cada objeto. Esos números deberían ser más o menos los mismos. Esta razón es, aproximadamente, 3.14, o π (pi), en cualquier círculo. En general, se dice que la circunferencia de cualquier círculo, aproximadamente, es 3 veces el diámetro del círculo.

Atentamente,

Measurement

Area **Date** ______________________

Dear Parents,

Our class has been learning about the area of geometric figures. Area is the amount of surface inside a figure. You can find the area of a square or a rectangle by multiplying the length by the width ($l \times w = A$).

You can help your child reinforce the concept of measuring area by doing one or both of the following activities together. Include other family members if possible.

Rearranged Areas
Use five index cards, each 3 in. by 5 in. Cut each of them along a diagonal line. What new shapes can you form with each pair of pieces? Describe the area of the five new shapes.

Floor Area
Find the total floor area of your house or apartment. Measure and record the length and width of each room and hallway. Find the area of each room or hallway and calculate the total floor area.

If possible, measure the outside of your house. Then figure the area of your house, based on those measurements. Compare this with the area found using the inside measurements. Can you explain why these numbers are different?

Sincerely,

Medición

Área **Fecha** ____________________

Estimados padres de familia:

En clase hemos estado aprendiendo sobre el área de figuras geométricas. El área es la cantidad de superficie que hay dentro de una figura. Para averiguar el área de un cuadrado o un rectángulo, se multiplica la longitud por el ancho *(l x a = A).*

Para ayudar a su hijo o hija a reforzar el concepto de medir el área, hagan juntos una de las siguientes actividades, o ambas. Si es posible, incluyan a otros miembros de la familia.

Área en otro orden
Usa cinco tarjetas o fichas de 3 pulgadas por 5 pulgadas. Corta cada una a lo largo de una línea diagonal. ¿Qué figuras formas con cada par de piezas? Describe el área de las cinco nuevas figuras.

Área del piso
Calcula el área total de tu casa o apartamento. Mide y anota la longitud y el ancho de cada cuarto y pasillo. Calcula el área de cada cuarto o pasillo y el área total de piso.

Si es posible, mide el exterior de tu casa. Después, calcula el área de tu casa en base a esas medidas. Compara ese resultado con el área que calculaste usando las medidas del interior de la casa. ¿Por qué son diferentes las respuestas?

Atentamente,

Measurement

Customary Capacity **Date** ____________________

Dear Parents,

Our class has been learning U.S. customary measurements for liquid capacity. These units include ounces, cups, pints, quarts, and gallons.

You can help your child reinforce the concept of measuring liquid by doing one or two of the following activities together. Include other family members if possible.

Containers

Use the following containers: a cup, a pint, a quart, and a gallon. Together measure and pour water to find the answer.

1. 1 quart = ________ cups
2. 3 quarts = ________ pints
3. 1 gallon = ________ quarts
4. 6 cups = ________ pints
5. 8 cups = ________ quarts

Don't Spill It

Suppose you need to measure exactly 5 quarts of water for a punch bowl. You have a 3-quart container and a 4-quart container. How can you measure 5 quarts?

Best Buy

Choose a favorite fruit drink. Go to the grocery store and find the cost of individually packed servings (probably 8-oz containers), a quart size, a half-gallon size, and a gallon size. At home, divide to find the number of servings in each of the larger containers. Compare the cost per serving for each size container. Together, decide which size is the best size for your household to buy. Consider how many members drink the beverage and storage needs for the different sizes of containers.

Sincerely,

ANSWERS: CONTAINERS — (1) 4; (2) 6; (3) 4; (4) 3; (5) 2. DON'T SPILL IT — FIRST, FILL THE 4-QT CONTAINER AND POUR IT INTO THE PUNCH BOWL. NEXT, FILL THE 4-QT CONTAINER AGAIN AND POUR IT INTO THE 3-QT CONTAINER UNTIL FILLED, THEN POUR THE REMAINING 1 QUART INTO THE PUNCH BOWL.

Medición

Medidas de capacidad del sistema inglés **Fecha** ____________________

Estimados padres de familia:

En clase hemos estado aprendiendo las medidas de capacidad de los líquidos en el sistema inglés que se usa en Estados Unidos. Entre esas unidades de medida se encuentran las onzas, las tazas, las pintas, los cuartos de galón y los galones.

Para ayudar a su hijo o hija a reforzar el concepto de medir líquidos, hagan juntos una o dos de las siguientes actividades. Si es posible, incluyan a otros miembros de la familia.

Recipientes
Usa los siguientes recipientes: una taza, una pinta, un cuarto de galón y un galón. Mide y vierte el agua con tu familia para hallar la respuesta.

1. 1 cuarto de galón = ________ tazas
2. 3 cuartos de galón = ________ pintas
3. 1 galón = ________ cuartos de galón
4. 6 tazas = ________ pintas
5. 8 tazas = ________ cuartos de galón

No la derrames
Imagina que necesitas medir exactamente 5 cuartos de galón de agua para una ponchera. Tienes un recipiente de 3 cuartos de galón y un recipiente de 4 cuartos de galón. ¿Cómo medirías 5 cuartos de galón?

La mejor compra
Escoge una bebida que te guste. Anda a la tienda y busca el costo de las porciones envasadas individualmente (probablemente en recipientes de 8 onzas), en tamaño de cuarto de galón, en tamaño de medio galón y en tamaño de galón. En casa, divide para calcular el número de porciones que hay en cada uno de los recipientes más grandes. Compara el costo por porción por cada recipiente. Con tu familia, decide cuál es el mejor tamaño que pueden comprar. Tomen en cuenta cuántos miembros toman la bebida y qué necesidades de espacio tienen para guardar los distintos tamaños de recipientes.

Atentamente,

RESPUESTAS: RECIPIENTES — (1) 4; (2) 6; (3) 4; (4) 3; (5) 2. NO LA DERRAMES — PRIMERO LLENA EL RECIPIENTE DE 4 CUARTOS Y VIERTE EL AGUA EN LA PONCHERA. LUEGO, LLENA EL RECIPIENTE DE 4 CUARTOS OTRA VEZ Y VIÉRTELO EN EL DE 3 CUARTOS HASTA QUE SE LLENE. DESPUÉS VIERTE EL CUARTO DE GALÓN QUE QUEDA EN LA PONCHERA.

Measurement

Customary Weight **Date** ____________________

Dear Parents,

Our class has been learning about U.S. customary measurements for weight. These include ounces, pounds, and tons.

You can help your child reinforce the concept of measuring with customary units of weight by doing one or two of the following activities together. Include other family members if possible.

Gravity Pulls

The pull of Earth's gravity results in the weight of an object. If you were on the moon, you would weigh less because the moon's gravity is just $\frac{1}{6}$ that of Earth's gravity. Find how much you would weigh on the moon by dividing your weight by 6.

Individual Weights

Many food stores weigh produce on scales that show the weight and total price on the register receipt. For example, if a bag of 6 apples weighed 1.56 lb, divide 1.56 by 6 to find the average, or approximate, weight of each apple. After your next trip to the grocery store, calculate how much each individual piece of produce approximately weighs.

How would you find the weight of one potato from a 5-lb bag?

Weight Puzzle

Suppose you have a pile of 9 identical-looking coins. One of them is a fake and weighs less. Describe how you can find the fake one by using the balance scale no more than two times.

Sincerely,

ANSWER: WEIGHT PUZZLE — SEPARATE THE COINS INTO GROUPS OF THREE. WEIGH TWO GROUPS OF COINS. IF THE BALANCE IS EVEN, THEN YOU KNOW THE FAKE IS IN THE THIRD GROUP. IF THE BALANCE IS NOT EVEN, THEN YOU KNOW THE HIGHER SIDE CONTAINS THE FAKE COIN.

FOR THE SECOND WEIGHING, CHOOSE ANY TWO COINS FROM THE GROUP CONTAINING THE FAKE COIN. AGAIN, IF THE BALANCE IS EVEN, THEN YOU KNOW THE FAKE IS THE COIN YOU HAVE NOT YET WEIGHED. HOWEVER, IF THE BALANCE IS NOT EVEN, THEN YOU KNOW THE HIGHER SIDE CONTAINS THE FAKE COIN.

Medición

Medidas de peso del sistema inglés **Fecha** ____________________

Estimados padres de familia:

En clase hemos estado aprendiendo las medidas de peso del sistema inglés que se usan en Estados Unidos. Entre ellas se encuentran las onzas, las libras y las toneladas.

Para ayudar a su hijo o hija a reforzar el concepto de medir con las unidades de peso del sistema inglés, hagan juntos una o dos de las siguientes actividades. Si es posible, incluyan a otros miembros de la familia.

Fuerzas de gravedad
La fuerza de gravedad de la Tierra da como resultado el peso de un objeto. Si estuvieras en la Luna, pesarías menos porque la gravedad de la Luna es solamente $\frac{1}{6}$ de la gravedad de la Tierra. Calcula cuánto pesarías en la Luna dividiendo tu peso por 6.

Peso individual
Muchas tiendas de comestibles pesan las frutas y verduras en balanzas que muestran el peso y el precio total en el recibo de caja. Por ejemplo, si una bolsa de 6 manzanas pesó 1.56 lb, divide 1.56 por 6 para hallar el peso promedio aproximado de cada manzana. Después de tu próximo viaje a la tienda, calcula cuánto pesa, aproximadamente, cada fruta y verdura.

¿Cómo calcularías el peso de una papa de una bolsa de 5 lb?

Rompecabezas de peso
Imagina que tienes una torre de 9 monedas que se ven idénticas. Una de ellas es falsa y pesa menos. Describe cómo podrías encontrar la falsa usando una balanza (o pesa) no más de dos veces.

Atentamente,

RESPUESTA: ROMPECABEZAS DE PESO — SEPARA LAS MONEDAS EN DOS GRUPOS DE TRES. PESA DOS GRUPOS DE MONEDAS. SI LA BALANZA ESTÁ NIVELADA, ENTONCES SABES QUE LA FALSA ESTÁ EN EL TERCER GRUPO. SI LA BALANZA NO ESTÁ NIVELADA, ENTONCES SABES QUE EL LADO MÁS ALTO CONTIENE LA MONEDA FALSA.

PARA PESAR POR SEGUNDA VEZ, ESCOGE DOS MONEDAS DEL GRUPO QUE CONTIENE LA MONEDA FALSA. DE IGUAL MANERA, SI LA BALANZA ESTÁ NIVELADA, ENTONCES SABES QUE LA FALSA ES LA MONEDA QUE NO HAS MEDIDO. SIN EMBARGO, SI LA BALANZA NO ESTÁ NIVELADA, ENTONCES SABES QUE EL LADO MÁS ALTO CONTIENE LA MONEDA FALSA.

Ratios and Percents

Ratios and Proportions **Date** ____________________

Dear Parents,

Our class has been learning to read and write ratios. Ratios compare two numbers. For example, if you have a piggy bank full of nickels and dimes at a ratio of 10 to 3, then you have 10 nickels for every 3 dimes. We have also worked with writing proportions. Proportions are equal ratios; for example, 8 is to 4 as 6 is to 3 or $\frac{8}{4}=\frac{6}{3}$.

Help your child practice these concepts by doing one or both of the following activities together. Include other family members if possible.

Candy Ratios

Use a bag of colorful candy such as M&M's® or Skittles® to discuss ratios. Taking turns, have one person name two colors and the other person name the ratio. Be sure to name the ratio in the same order. The ratio *red to blue* would be *the number of red candies to the number of blue candies.*

Next, take turns naming the number ratio first and the other person naming the candy colors.

Pulse Proportions

Have your child take his or her pulse for 15 seconds. Multiply the beats by 4 to find the equal ratio, or proportion, for one minute.

At rest: ________ beats (15 seconds) x 4 = ________ beats (60 seconds)

Then have your child exercise for 2 minutes by running in place or climbing stairs. Take his or her pulse a second time and multiply the beats by 4.

After exercise: ________ beats (15 seconds) x 4 = ________ beats (60 seconds)

Point out that these two proportions represent the at-rest pulse rate and the after-exercise pulse rate.

Sincerely,

Razones y porcentajes

Razones y proporciones **Fecha** ____________________

Estimados padres de familia:

En clase hemos estado aprendiendo a leer y escribir razones. Las razones comparan dos números. Por ejemplo, si tenemos una alcancía llena de monedas de 5 centavos y de 10 centavos a una razón de 9 a 3, entonces tenemos 9 monedas de 5 centavos por cada 3 monedas de 10 centavos. También hemos aprendido a escribir proporciones. Las proporciones son razones equivalentes, por ejemplo, 8 es a 4 como 6 es a 3, o sea, $\frac{8}{4} = \frac{6}{3}$.

Para ayudar a su hijo o hija a practicar estos conceptos, hagan juntos una de las siguientes actividades, o ambas. Si es posible, incluyan a otros miembros de la familia.

Razones de dulces

Para hablar acerca de las razones, puede usarse una bolsa de dulces coloridos, como M&M's® o Skittles®. Por turnos, un miembro de la familia nombra dos colores y otro miembro nombra la razón. Hay que asegurarse de nombrar la razón en el mismo orden. La razón *rojo a azul* sería *el número de dulces rojos a número de dulces azules.* Después, por turnos, se nombra la razón en números primero y la otra persona nombra los colores de los dulces.

Proporciones de pulso

Tómate el pulso durante 15 segundos. Multiplica los latidos por 4 para hallar la razón equivalente, o proporción, para un minuto.

En descanso: ________ latidos (15 segundos) x 4 = ________ latidos (60 segundos)

Después, haz ejercicios durante 2 minutos ya sea corriendo en el mismo lugar o subiendo escaleras. Pide que te tomen el pulso otra vez y multiplica los latidos por 4.

Después del ejercicio: ________ latidos (15 segundos) x 4 = ________ latidos (60 segundos)

Hay que fijarse en que estas dos proporciones representan el pulso en estado de descanso y el pulso después del ejercicio.

Atentamente,

Ratios and Percents

Sales Tax **Date** ____________________

Dear Parents,

Our class has been learning to use percents to solve problems involving sales tax. You can help your child practice this concept by doing one or two of the following activities together. Include other family members if possible.

Different Tax Rates
Many states have different tax rates on different items. The tax rates on food, medicine, and non-food items may all be different. Call the customer service department of a nearby store, such as a Kmart, Wal-Mart, or similar store, to find the different tax rates.

Calculating Sales Tax
Sales tax is a percentage of the price of goods collected for state and local governments. If you want to calculate the total bill you can simply add the sales tax rate to 100% and multiply as follows:

A $25 item plus 7% tax = 25 X 107% = 26.75
The total bill is $26.75.

Look in a catalog for an item you would like to have. Find out the sales tax in your area for non-food items and then compute the item's total cost with tax. Pick another item and do the same.

Round Up Regardless
A store usually rounds up any fraction of a cent to the next penny. For example, the calculation may be computed to three decimal places and rounded up to the next hundredth if more than 0.

$10.571 rounds to $10.58 and $5.002 rounds to $5.01.

Find the tax due for each of the following amounts:

1. $120.408 2. $38.053 3. $209.394 4. $95.990

Sincerely,

ANSWERS: ROUND UP REGARDLESS — (1) $120.41; (2) $38.06; (3) $209.40; (4) $95.99

Razones y porcentajes

Impuesto sobre la venta **Fecha** ______________________

Estimados padres de familia:

En clase hemos estado aprendiendo a resolver problemas que contienen impuesto sobre la venta calculando porcentajes. Para ayudar a su hijo o hija a practicar este concepto, hagan juntos una o dos de las siguientes actividades. Si es posible, incluyan a otros miembros de la familia.

Diferentes tasas de impuesto
Muchos de los estados del país tienen diferentes tasas de impuesto según los tipos de artículos. El impuesto para los alimentos, medicinas y artículos no comestibles pueden ser diferentes. Llama al departamento de servicios al consumidor de una tienda cercana, como Kmart, Wal-Mart, o una similar, y averigua las diferentes tasas de impuesto.

Calcular el impuesto sobre la venta
El impuesto sobre la venta es un porcentaje del precio de los productos que se cobra para los gobiernos estatales y locales. Si se quiere calcular la cuenta total, simplemente se suma el impuesto sobre la venta a 100% y se multiplica así:

Un artículo de $25 más 7% de impuesto = 25 X 107% = 26.75
La cuenta total es $26.75.

Busca en un catálogo un artículo que te gustaría comprar. Averigua cuál es el impuesto sobre la venta en tu zona para artículos no comestibles y luego haz las operaciones para averiguar el costo total del artículo incluyendo el impuesto. Escoge otro artículo y haz lo mismo.

Redondear sin importar
Las tiendas por lo general redondean cualquier fracción de un centavo al centavo más cercano. Por ejemplo, es posible que se haga el cómputo con tres cifras decimales y se redondee a la centésima siguiente si es más que 0.

$10.571 se redondea a $10.58 y $5.002 se redendea a $5.01.

Averigua el impuesto para cada una de las siguientes cantidades:

1. $120.408 2. $38.053 3. $209.394 4. $95.990

Atentamente,

RESPUESTAS: REDONDEAR SIN IMPORTAR — (1) $120.41; (2) $38.06; (3) $209.40; (4) $95.99

Ratios and Percents

Discounts **Date** ____________________

Dear Parents,

Our class has been learning to use percents and solve problems involving discount. We often use a calculator to compute the discount.

You can help your child practice these concepts by doing one or both of the following activities together. Include other family members if possible.

Calculator Shortcut
Read the instructions that came with your calculator. Does your calculator have a percent key? If so, find out how to use it and then practice with the exercise below.

Calculating Discounts
A discount is the percent of the price of goods that is deducted from the price, resulting in a lower price. For example, a discount of 10% means the good can be bought for 10% less than the original price. If you want to calculate the total bill, you can simply subtract the discount rate from 100% and calculate the total as follows:

A $36 item at 25% discount = 36 X 75% = 27
or 36 X .75 = 27
The discounted price is $27.

Look in a newspaper circular for sales advertisements. Calculate the discount on three items with different percentage discounts. (Regular price must be given in ad.) Are the store's calculations correct?

Sincerely,

Razones y porcentajes

Descuentos **Fecha** ____________________

Estimados padres de familia:

En clase hemos estado aprendiendo a usar porcentajes y resolver problemas de descuentos. Muchas veces usamos una calculadora para hacer los cómputos del descuento.

Para ayudar a su hijo o hija a practicar estos conceptos, hagan juntos una de las siguientes actividades, o ambas. Si es posible, incluyan a otros miembros de la familia.

Atajo en la calculadora
Lee las instrucciones que vienen con tu calculadora. ¿Tiene un botón de porcentaje? Si lo tiene, averigua cómo usarlo y después practica con los ejercicios de abajo.

Calcular descuentos
Un descuento es el porcentaje del precio de los productos que se resta del precio, dando como resultado un precio más bajo. Por ejemplo, un descuento de 10% significa que se puede comprar el producto por 10% menos que el precio original. Si quieres calcular la cuenta total, simplemente restas el descuento del 100% y calculas el total de la siguiente manera:

Un artículo de \$36 a un descuento de 25% $36 \times 75\% = 27$
o $36 \times .75 = 27$

El precio de descuento es \$27.

Busca en un periódico anuncios de ofertas. Calcula el descuento en tres artículos que tengan diferentes porcentajes de descuento. (El precio regular debe aparecer en el anuncio.) ¿Son correctos los cálculos de la tienda?

Atentamente,

Ratios and Percents

Tips **Date** ____________________

Dear Parents,

Our class has been learning to use percents and solve problems involving tips. In everyday life, tips are often figured mentally.

You can help your child practice these concepts by doing one or both of the following activities together. Include other family members if possible.

Calculating Tips

A restaurant tip is usually 15% to 20% of the check before tax is added. One way to calculate a 15% tip mentally is to first round the amount to the nearest dime, quarter, or dollar, if necessary. Next, find 10% of the check. Then, find $\frac{1}{2}$ of that amount (5%) and add these amounts.

Study the example below:
Find the 15% tip on a $28 check.
10% of $28 = $2.80
$\frac{1}{2}$ of $2.80 = $1.40
The tip is $2.80 + $1.40, or $4.20.
Find the 15% tip on the following checks:

1. $34
2. $48
3. $70

As an extension, have your child figure the tip the next time you eat at a restaurant.

Service Tips

Discuss with your child other services for which you would tip. A cab ride, a haircut, coat checking, and pizza delivery are just a few.

Sincerely,

ANSWERS: CALCULATING TIPS — (1) $5.10; (2) $7.20; (3) $10.50.

Razones y porcentajes

Propinas **Fecha** ______________________

Estimados padres de familia:

En clase hemos estado aprendiendo a resolver problemas sobre propinas calculando porcentajes. En la vida diaria, las propinas se calculan mentalmente.

Para ayudar a su hijo o hija a practicar estos conceptos, hagan juntos una de las siguientes actividades, o ambas. Si es posible, incluyan a otros miembros de la familia.

Cálculo de propinas

La propina que se acostumbra en los restaurantes es del 15% al 20% de la cuenta o factura antes de agregar el impuesto. Una manera de calcular mentalmente una propina del 15% es primero redondear la cantidad a los 10 centavos, a los 25 centavos o al dólar más cercano, si es necesario. Luego, se calcula el 10% de la cuenta. Después, se calcula $\frac{1}{2}$ de esa cantidad (5%) y se suman las cantidades.

Estudia el siguiente ejemplo:
Averigua la propina del 15% en una cuenta de \$28.
10% de \$28 = \$2.80
$\frac{1}{2}$ de \$2.80 = \$1.40
La propina es \$2.80 + \$1.40, o sea, \$4.20.
Averigua la propina del 15% en las siguientes cuentas:

1. \$34
2. \$48
3. \$70

Como una actividad de refuerzo, calcula la propina la próxima vez que la familia coma en un restaurante.

Propinas de servicios

Conversen en familia sobre otros servicios por los que se paga propina. Algunos de ellos son un viaje en taxi, un corte de pelo, registrar un abrigo y el reparto a domicilio de una pizza.

Atentamente,

RESPUESTAS: CÁLCULO DE PROPINAS — (1) \$5.10; (2) \$7.20; (3) \$10.50.

Statistics

Mean and Median **Date** ______________________

Dear Parents,

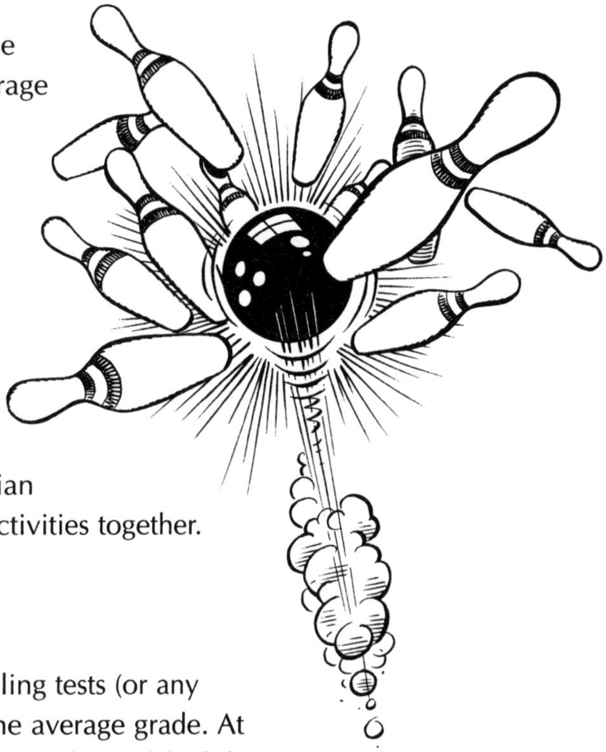

Our class has been learning to find the mean and the median of a set of data. The mean is simply the average of a set of numbers. The mean (average) is found by adding all of the numbers and then dividing the sum by how many numbers were added. The median is the middle number of a set of numbers. The median is found by arranging the set of numbers in order and then finding the middle number. If there are two middle numbers, the median is the average of those two numbers.

Help your child practice finding the mean and median of a data set by doing one or two of the following activities together. Include other family members if possible.

Spelling Tests
Have your child keep track of his or her weekly spelling tests (or any other weekly tests) for several weeks and compute the average grade. At the end of a marking period, arrange the test scores in order and find the median score. How do the mean and the median compare?

Pocket Change
Each day for a week let your child count your pocket change at the end of the day and record it. After a week, find the mean (average) per day and find the median. Are there any amounts which are much less or much more than the others? If so, these extreme amounts can affect the mean.

Food Budgeting
First, estimate how much your family spends on food each week. Then, keep all receipts for food purchases for 3 or 4 weeks. Find the mean (average) spent each week. How does the actual amount spent each week compare to your estimate?

Sporting Averages
If you or your child bowls on a team, keep a record of each game's score. After several games, find the mean (average) and the median. Or try this with another sport, such as basketball (free throw percentage), baseball (batting average), or swimming (best time average).

Sincerely,

Estadística

Media y mediana **Fecha** ______________________

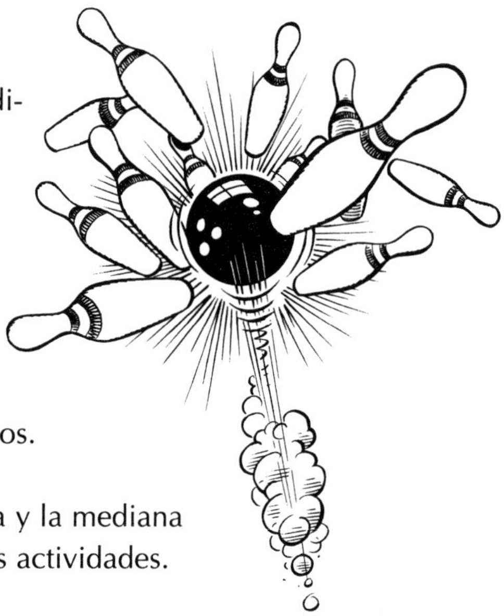

Estimados padres de familia:

En clase hemos estado aprendiendo a hallar la media y la mediana de un grupo de datos. La media es simplemente el promedio de un grupo de números. Para hallar la media (o promedio), se suman todos los números y luego se divide el resultado por cuantos números se hayan sumado. La mediana es el número que está en el punto medio de un grupo de números. Para hallar la mediana, se pone en orden el grupo de números y luego se busca el número de en medio. Si hay dos números en el punto medio, la mediana es el promedio de esos dos números.

Para ayudar a su hijo o hija a practicar cómo se halla la media y la mediana de un grupo de datos, hagan juntos una o dos de las siguientes actividades. Si es posible, incluyan a otros miembros de la familia.

Exámenes de ortografía
Anoten con su hijo o hija la calificación de sus exámenes semanales de ortografía (o cualquier otro examen semanal) durante varias semanas y averigüen la calificación promedio. Al final del período de anotación, ordenen las calificaciones y hallen la mediana. ¿Qué comparación puede hacerse entre la media y la mediana?

Cambio en el bolsillo
Todos los días durante una semana pidan a su hijo o hija que cuente el cambio que tienen en el bolsillo al final de cada día y que lo anote. Después de una semana, hallen la media (el promedio) diaria y la mediana. ¿Hay cantidades que sean mucho menos o mucho más que las demás? Si es así, esas cantidades extremas pueden afectar la media.

Presupuesto de comida
Primero, hagan una estimación de cuánto gasta la familia en comida cada semana. Luego, guarden todos los recibos de compras de comida que se hagan durante 3 ó 4 semanas. Hallen la media (el promedio) del gasto semanal. ¿Qué comparación puede hacerse entre la cantidad que se gastó cada semana y la estimación?

Promedios deportivos
Si alguien de la familia juega a los boliches, anoten los puntos de cada juego. Después de varios juegos, hallen la media (el promedio) y la mediana. O bien, háganlo con otro deporte, como básquetbol (porcentaje de tiro libre), béisbol (promedio de bateo) o natación (promedio del mejor tiempo).

Statistics

Tables and Graphs **Date** ____________________

Dear Parents,

Our class has been learning to read data from tables and graphs. You can help your child practice reading tables and graphs by doing one or both of the following activities together. Include other family members if possible.

Weather Data
Collect weather data, such as daily high and low temperatures, from the daily newspaper. Record the data in the table below. Then make a line graph. Use one color to show high temperatures and a different color to show low temperatures.

Day	High	Low

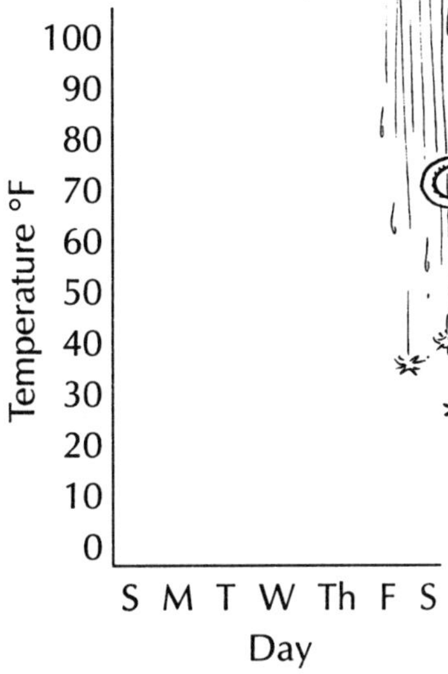

Graph Search
Together, look through daily newspapers and magazines for graphs. Cut them out and sort them by kind. Try to find examples of line graphs, bar graphs, pictographs, circle graphs, double-line graphs, and double-bar graphs. How many different kinds did you find? Write one fact for each graph.

Sincerely,

Estadística

Tablas y gráficas **Fecha** ____________________

Estimados padres de familia:

En clase hemos estado aprendiendo a leer datos de tablas y gráficas. Para ayudar a su hijo o hija a practicar la lectura de tablas y gráficas, hagan juntos una de las siguientes actividades, o ambas. Si es posible, incluyan a otros miembros de la familia.

Datos del estado del tiempo
Reúne datos del estado del tiempo, como temperaturas altas y bajas diarias, que aparecen en el periódico. Anota los datos en la tabla de abajo. Luego, haz una gráfica lineal. Con un color, muestra las temperaturas altas y, con otro color, muestra las temperaturas bajas.

Día	Altas	Bajas

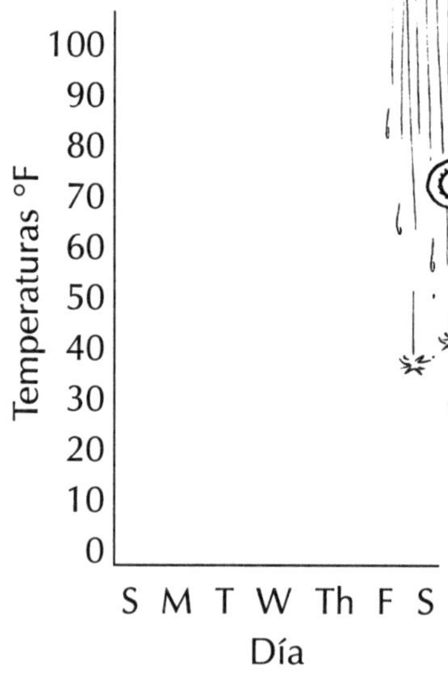

Búsqueda de gráficas
Con su hijo o hija, busquen gráficas en periódicos y revistas. Recórtenlas y clasifíquenlas de acuerdo al tipo de gráfica. Busquen ejemplos de gráficas lineales, gráficas de barras, gráficas de pictografías, gráficas circulares, gráficas de doble línea y gráficas de doble barra. ¿Cuántos tipos diferentes encontraron? Escriban un hecho acerca de cada gráfica.

Atentamente,

Statistics

Surveys and Frequency Tables **Date** ____________________

Dear Parents,

Our class has been learning to take surveys and record the responses in a frequency table by using tally marks. You can help your child practice taking a survey and making a frequency table by doing one or both of the following activities together. Include other family members if possible.

Pet Survey
Ask 10 to 20 people whether they have household pets.
If they answer yes, then ask them to name all of them. Then complete the table.

Pets	Tally	Frequency
None		
Cat		
Dog		
Bird		
Hamster		
Fish		
Other		

Survey
Choose a survey question from the following or make up your own.
What is your favorite color?
What month were you born?
What is your favorite ice cream flavor?
Set up the table like the one above, but head the first column "Answer" and under it list possible responses. Ask 10 to 20 people the survey question. Tally all responses. Name the frequency (the total number of tallies).

Question: ____________________
____
____
____

Sincerely,

Estadística

Encuestas y tablas de frecuencia **Fecha** ____________________

Estimados padres de familia:

En clase hemos estado aprendiendo a pasar encuestas y a anotar las respuestas en una tabla de frecuencias con marcas o tarjas. Para ayudar a su hijo o hija a practicar cómo se pasa una encuesta y se hace una tabla de frecuencia, hagan juntos una de las siguientes actividades, o ambas. Si es posible, incluyan a otros miembros de la familia.

Encuesta de mascotas

Pregunta a 10 ó 20 personas si tienen mascotas en casa.
Si contestan que sí, pregúntales qué animales son. Después, completa la tabla.

Mascotas	Tarja	Frecuencia
Ninguno		
Gato		
Perro		
Pájaro		
Hámster		
Pez		
Otro		

Encuesta

Escoge una pregunta de encuesta entre las siguientes o inventa tu propia pregunta.

¿Cuál es tu color favorito?
¿En qué mes naciste?
¿Cuál es tu sabor de helado favorito?

Haz una tabla como la que aparece arriba, pero rotula la primera columna "Respuesta" y abajo escribe las respuestas posibles. Haz la pregunta a 10 ó 20 personas. Escribe las marcas o tarjas correspondientes a todas las respuestas. Di cuál es la frecuencia (el número total de tarjas).

Pregunta: ____
____

Atentamente,

Statistics

Making Graphs **Date** ____________________

Dear Parents,

Our class has been learning to read and make different kinds of graphs. Help your child practice making circle and bar graphs by doing one or both of the following activities together. Include other family members if possible.

Week of Weather
Keep track of the weather for one week. Redraw the following circle graph, making it larger. Each section is $\frac{1}{7}$ of the whole circle, so if there were 3 rainy days during the week, then 3 of the 7 sections will be combined and labeled as the rainy weather.

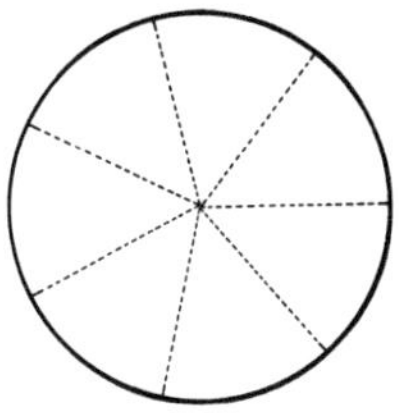

Graphing the Survey Results
Choose one of the surveys you did in the letter "Surveys and Frequency Tables" and complete a bar graph (see sample below). Be sure to label the vertical axis with the various responses, and label the horizontal axis with the numbers from 0 to your greatest frequency.

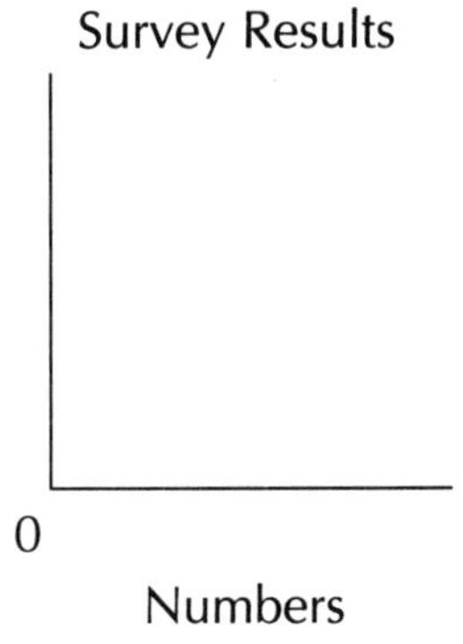

Sincerely,

Estadística

Gráficas **Fecha** ______________________

Estimados padres de familia:

En clase hemos estado aprendiendo a leer y a hacer diferentes tipos de gráficas. Para ayudar a su hijo o hija a practicar cómo se hacen las gráficas circulares y las gráficas de barras, hagan juntos una de las siguientes actividades, o ambas. Si es posible, incluyan a otros miembros de la familia.

Estado del tiempo semanal
Fíjate cómo está el tiempo durante una semana. Copia la siguiente gráfica circular pero hazla más grande. Cada sección es $\frac{1}{7}$ del círculo entero, así que si hubiera 3 días lluviosos durante la semana, entonces 3 de las 7 secciones se combinarían y se marcarían como el tiempo lluvioso.

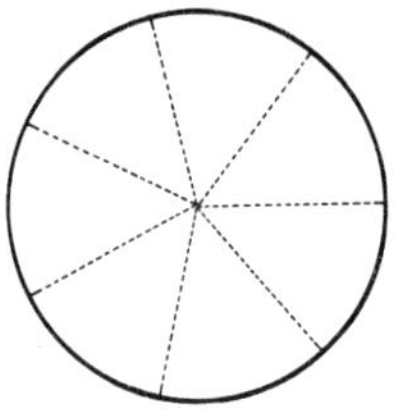

Representar en una gráfica los resultados de una encuesta
Escoge una de las encuestas que hiciste en la carta "Encuestas y tablas de frecuencia" y completa la gráfica de barras (mira el ejemplo de abajo). Asegúrate de marcar el eje vertical con las distintas respuestas, y el eje horizontal con los números del 0 hasta la frecuencia más alta.

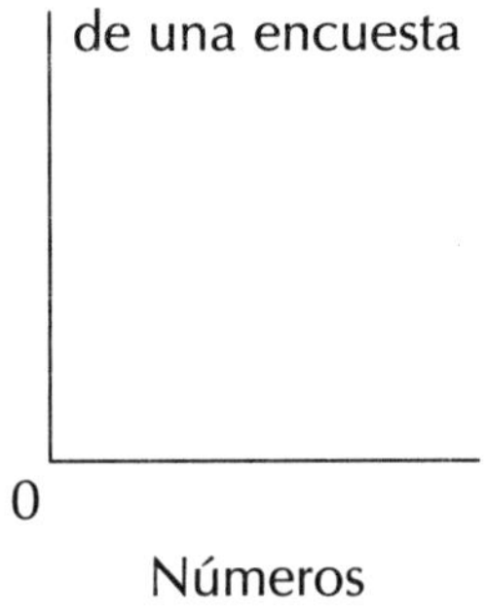

Atentamente,

Probability

Experiments with Equally Likely Outcomes **Date** ____________________

Dear Parents,

Our class has been learning about probability with equally likely outcomes. Tossing a coin and rolling dice are just two examples that have outcomes that are equally likely.

You can help your child perform a probability experiment by doing the following activity together. Include other family members if possible.

Heads or Tails

Whenever a coin is tossed, there are only two possible outcomes: heads or tails. Each outcome should occur about $\frac{1}{2}$, or 50%, of the time. However, that does not mean that if you toss a coin 10 times, the coin will land 5 times heads and 5 times tails. In the long run, you can expect to have heads about 50% of the time.

Toss a coin 10 times. After each toss, record the result (either heads or tails). Write ratios for heads to tosses and tails to tosses; than convert the ratios to percents. Set up a chart such as the one started below, numbering it from 1 to 10.

Tosses	Heads	Tails	Ratio heads to tosses	Ratio tails to tosses	Percent heads	Percent tails
1						
2						
3						

Sincerely,

Probabilidad

Experimentos con resultados igualmente probables **Fecha** ______________________

Estimados padres de familia:

En clase hemos estado aprendiendo acerca de la probabilidad con resultados igualmente probables. Echar una moneda al aire y lanzar un dado son sólo dos ejemplos que tienen resultados que son igualmente probables.

Para ayudar a su hijo o hija a practicar cómo se hace un experimento de probabilidad, hagan juntos la siguiente actividad. Si es posible, incluyan a otros miembros de la familia.

Cara o cruz

Cuando se echa una moneda al aire, hay sólo dos resultados posibles: cara o cruz. Cada resultado debe obtenerse aproximadamente $\frac{1}{2}$, ó 50%, de las veces. Sin embargo, eso no significa que si echas la moneda al aire 10 veces, la moneda caerá 5 veces en cara y 5 veces en cruz. A largo plazo, se espera que salga cara aproximadamente el 50% de las veces.

Echa una moneda al aire 10 veces. Después de cada vez, anota el resultado (ya sea cara o cruz). Escribe las razones de cara a número de veces y de cruz a número de veces; después convierte las razones a porcentajes. Haz una tabla como la siguiente, numerándola del 1 al 10.

Veces	Cara	Cruz	Razón de cara a veces	Razón de cruz a veces	Porcentaje de cara	Porcentaje de cruz
1						
2						
3						

Atentamente,

Probability

Events **Date** ______________________

Dear Parents,

Our class has been learning about probability. When an event may *never* happen, then the probability is 0. When an event will *definitely* happen, then the probability is 1. When an event will *probably* happen, then the probability is between 0 and 1.

Help your child determine the probability of an event by doing the following activity together. Include other family members if possible.

Most/Least Common Letters

Some letters are used more frequently than others in the English language. List the letters of the alphabet in a column. Choose a paragraph from any book and tally how many times each letter appears in the paragraph.

Which letter is most common? ________ Which 5 letters are most common? ________

Which letter is least common? ________

Compare your results with the following percent frequencies of letters in English. (These results mean that in a random sample of words with a total of 100 letters, the letter *e* occurs about 13 times.)

Letters	e	t	a	o	n	i	r	s	h	v	k	x	j	q	z
Percent Frequencies	13%	9%	8%	8%	7%	6.5%	6.5%	6%	6%	1%	0.5%	0.5%	0.5%	0.2%	0.2%

Sincerely,

Probabilidad

Hechos **Fecha** ______________________

Estimados padres de familia:

En clase hemos estado aprendiendo acerca de la probabilidad. Cuando un hecho *nunca* va a suceder, entonces la probabilidad es 0. Cuando un hecho *definitivamente* va a suceder, entonces la probabilidad es 1. Cuando un hecho *probablemente* va a suceder, entonces la probabilidad es entre 0 y 1.

Para ayudar a su hijo o hija a determinar la probabilidad de que un hecho suceda, hagan juntos la siguiente actividad. Si es posible, incluyan a otros miembros de la familia.

Letras más/menos comunes
En el idioma inglés, algunas letras se usan con más frecuencia que otras. Escribe las letras del alfabeto inglés en columna (o sea sin incluir la *ñ*, ni las combinaciones de letras *ch* y *ll*). Escoge un párrafo de cualquier libro en inglés y anota con marcas cuántas veces aparece cada letra en el párrafo.

¿Cuál es la letra más común? _______ ¿Cuáles son las 5 letras más comunes? _______
¿Cuál es la letra menos común? _______

Compara tus resultados con las siguientes frecuencias de letras en inglés. (Estos resultados significan que en una muestra al azar de palabras, con un total de 100 letras, la letra *e* aparece aproximadamente 13 veces.)

Letras	e	t	a	o	n	i	r	s	h	v	k	x	j	q	z
Porcentaje de frecuencia	13%	9%	8%	8%	7%	6.5%	6.5%	6%	6%	1%	0.5%	0.5%	0.5%	0.2%	0.2%

Atentamente,

A. Whole Numbers

Words to Know

addend A number that is added. In 42 + 37 = 79, the addends are 42 and 37.

difference The number found by subtracting one number from another. In 68 – 25 = 43, the difference is 43.

digit One of the symbols used for writing numbers: 0, 1, 2, 3, 4, 5, 6, 7, 8, 9

dividend A number that is divided by another number. In 342 ÷ 3 = 114, 342 is the dividend.

divisor The number by which another number is divided. In 342 ÷ 3 = 114, 3 is the divisor.

factor (1) A number to be multiplied. In 7 x 8 = 56, 7 and 8 are factors; (2) A number that divides evenly into a given second number is a factor of that number. 7 is a factor of 42.

multiple The product that results when a given number is multiplied by one of the whole numbers {0, 1, 2, 3...}. For example, the first five multiples of 4 are 0, 4, 8, 12, 16.

place value The value of a digit in a numeral. Changing a digit's place in a number changes its value. For example, the 3 in 34 has a value of 30, but has a value of 300 in 1389.

product The number found by multiplying numbers. In 27 x 3 = 81, the product is 81.

quotient The answer after dividing one number by another. In 342 ÷ 3 = 114, 114 is the quotient.

sum The number found by adding numbers. In 42 + 37 = 79, the sum is 79.

whole number One of the numbers 0, 1, 2, 3, and so on.

Tips for Checking Answers

Addition Problems:

Add the numbers in each column from the bottom.

$$\begin{array}{r} 13 \\ +\,64 \\ \hline 77 \end{array} \qquad \begin{array}{l} 4+3 = 7 \\ 6+1 = 7 \end{array}$$

Subtraction Problems:

Add the answer (difference) to the bottom number of the original problem. The sum should be the top number of the original problem.

$$\begin{array}{r} 341 \\ -\,59 \\ \hline 282 \end{array} \qquad 282 + 59 = 341$$

Multiplication Problems:

Divide the answer (product) by the bottom number in the problem. If the result is the top number, the multiplication is correct.

$$\begin{array}{r} 49 \\ \times\,63 \\ \hline 147 \\ 2940 \\ \hline 3087 \end{array} \qquad 3087 \div 63 = 49$$

Division Problems:

Multiply the answer (quotient) by the number you divided by (divisor). The product should be the number you divided (dividend).

$$4\overline{)20} = 5 \qquad 5 \times 4 = 20 \qquad \textit{or}$$

$$\begin{array}{r} 52 \text{ r } 2 \\ 5\overline{)262} \\ 25 \\ \hline 12 \\ 10 \\ \hline 2 \end{array} \qquad \begin{array}{l} 52 \times 5 = 260 \\ 260 + 2 = 262 \end{array}$$

Remember: *To check a multiplication problem, divide. To check a division problem, multiply.*

A. Números enteros

Palabras importantes

cociente La respuesta después de dividir un número por otro. En 342 ÷ 3 = 114, 114 es el cociente.

diferencia El número que se obtiene al restar un número de otro. En 68 – 25 = 43, la diferencia es 43.

dígito Uno del los símbolos que se usan para escribir números: 0, 1, 2, 3, 4, 5, 6, 7, 8, 9.

dividendo Un número que se divide por otro número. En 342 ÷ 3 = 114, 342 es el dividendo.

divisor El número por el cual se divide otro número. En 342 ÷ 3 = 114, 3 es el divisor.

factor (1) Un número que se multiplica. En 7 x 8 = 56, 7 y 8 son factores; (2) Un número que divide exactamente a un segundo número es un factor de ese número. 7 es un factor de 42.

múltiplo El producto que resulta cuando un número dado se multiplica por un número entero {0, 1, 2, 3...}. Por ejemplo, los primeros cinco múltiplos de 4 son 0, 4, 8, 12, 16.

número entero Uno de los números 0, 1, 2, 3, etc.

producto El número que se obtiene al multiplicar números. En 27 x 3 = 81, el producto es 81.

suma o total El número que se obtiene al sumar números. En 42 + 37 = 79, la suma es 79.

sumando Un número que se suma. En 42 + 37 = 79, los sumandos son 42 y 37.

valor relativo El valor de un dígito en un numeral. Al cambiar de lugar un dígito en un número se cambia su valor. Por ejemplo, el 3 en 34 tiene un valor de 30, pero tiene un valor de 300 en 1389.

Consejos para comprobar respuestas

Suma:

Se suman los números de cada columna desde abajo hacia arriba.

$$\begin{array}{r} 13 \\ \underline{+\ 64} \\ 77 \end{array} \qquad \begin{array}{l} 4+3 = 7 \\ 6+1 = 7 \end{array}$$

Resta:

Se suma la respuesta (diferencia) al número de abajo de la resta original. La suma debe ser el número de arriba de la resta original.

$$\begin{array}{r} 341 \\ \underline{-\ 59} \\ 282 \end{array} \qquad 282 + 59 = 341$$

Multiplicación:

Se divide la respuesta (producto) por el número de abajo de la multiplicación. Si el resultado es el número de arriba, la multiplicación es correcta.

$$\begin{array}{r} 49 \\ \underline{\times\ 63} \\ 147 \\ \underline{2940} \\ 3087 \end{array} \qquad 3087 \div 63 = 49$$

División:

Se multiplica la respuesta (cociente) por el número por el que se dividió (divisor). El producto debe ser el número que se dividió (dividendo).

$$\begin{array}{r} 5 \\ 4\overline{)20} \end{array} \qquad 5 \times 4 = 20 \qquad \textit{ó} \qquad \begin{array}{r} 52\ \text{r}\ 2 \\ 5\overline{)262} \\ \underline{25} \\ 12 \\ \underline{10} \\ 2 \end{array} \qquad \begin{array}{l} 52 \times 5 = 260 \\ 260 + 2 = 262 \end{array}$$

RECUERDA: *Para comprobar una multiplicación, divide. Para comprobar una división, multiplica.*

B. More on Whole Numbers

Multiplying by 10, 100, 1000

To multiply a number by 10, write a 0 to the right of the number.
For example, 34 x 10 = 340.
To multiply a number by 100, write two 0s to the right of the number.
For example, 14 x 100 = 1,400.
To multiply by 1000, write three 0s to the right of the number.
For example, 689 x 1000 = 689,000.

Rules for Divisibility

When a number can be divided by another number without a remainder, the first number is said to be divisible by the second.

All numbers ...	*Are divisible by ...*
ending in 0, 2, 4, 6, 8	2
whose digits add up to a number that is divisible by 3	3
whose last two digits form a number that is divisible by 4	4
ending in 0 or 5	5
divisible by 2 and 3	6
whose last three digits form a number that is divisible by 8	8
whose digits add up to a number that is divisible by 9	9
ending in 0	10

For example,
18 is divisible by 2, because it ends in 8.
18 is divisible by 3, because its digits (1 and 8) add up to 9, and 9 is divisible by 3.
18 is divisible by 9, because its digits add up to 9, and 9 is divisible by 9.
120 is divisible by 2, because it ends in 0.
120 is divisible by 3, because its digits (1, 2, and 0) add up to 3, and 3 is divisible by 3.
120 is divisible by 4, because its last two digits form a number (20) that is divisible by 4.
120 is divisible by 5, because it ends in 0.
120 is divisible by 10, because it ends in 0.

REMEMBER, *there are several ways to write multiplication problems:*
9 x 12
9 • 12
9(12)
(9)12
(9)(12)

B. Más sobre números enteros

Multiplicar por 10, 100, 1000

Para multiplicar un número por 10, escribe un cero a la derecha del número.
Por ejemplo, 34 x 10 = 340.
Para multiplicar un número por 100, escribe dos ceros a la derecha del número.
Por ejemplo, 14 x 100 = 1,400.
Para multiplicar un número por 1000, escribe tres ceros a la derecha del número.
Por ejemplo, 689 x 1000 = 689,000.

Reglas de divisibilidad

Cuando un número puede dividirse por otro número sin que haya residuo, se dice que el primer número es divisible por el segundo.

Todos los números que...	*Son divisibles por...*
terminan en 0, 2, 4, 6, 8	2
sus dígitos suman un número que es divisible por 3	3
sus dos últimos dígitos forman un número que es divisible por 4	4
terminan en 0 ó en 5	5
son divisibles por 2 y 3	6
sus tres últimos dígitos forman un número divisible por 8	8
sus dígitos suman un número que es divisible por 9	9
terminan en 0	10

Por ejemplo,
18 es divisible por 2, porque termina en 8.
18 es divisible por 3, porque sus dígitos (1 y 8) suman 9, y 9 es divisible por 3.
18 es divisible por 9, porque sus dígitos suman 9, y 9 es divisible por 9.
120 es divisible por 2, porque termina en 0.
120 es divisible por 3, porque sus dígitos (1, 2 y 0) suman 3, y 3 es divisible por 3.
120 es divisible por 4, porque sus dos dígitos forman un número (20) que es divisible por 4.
120 es divisible por 5, porque termina en 0.
120 es divisible por 10, porque termina en 0.

RECUERDA, *hay varias maneras de escribir una multiplicación:*
9 x 12
9 • 12
9(12)
(9)12
(9)(12)

C. Decimals

Decimals name a whole number and/or a fractional part with denominators that are 10 or powers of ten. In standard form, a point separates the whole number and fractional parts. Decimals follow many of the same rules as whole numbers.

Tips for Adding and Subtracting Decimals

Write the problem vertically. Line up the decimal points and keep the digits in columns. Write zeros to the right of each added to make all decimals the same "length." Bring down the decimal point. Then add or subtract.

12.09 + 6.135 + 0.5 = ?   8 − 0.0348 = ?

$$\begin{array}{r} 12.090 \\ 6.135 \\ \underline{+\ 0.500} \\ 18.725 \end{array} \qquad \begin{array}{r} 8.0000 \\ \underline{-\ 0.0348} \\ 7.9652 \end{array}$$

Tips for Multiplying Decimals

Multiply as if there were no decimal points. Then count the total number of digits to the right of the decimal point for *both* factors. Place the decimal point this number of places from the right.

$$\begin{array}{r} 24.6 \\ \underline{\times\ 0.31} \\ 246 \\ \underline{7380} \\ 7.626 \end{array}$$

Tips for Dividing Decimals

Place the decimal point directly above the decimal point of the dividend in long division form to prepare for the quotient. Divide.

172.8 ÷ 16 = ? $16\overline{)172.8}$ (with . above the decimal point) $16\overline{)172.8}$ = 10.4

To divide a decimal by a decimal, move the decimal point in the divisor (3.2) to the end (32.). Count the number of "moves" (1). Move the decimal point of the dividend the same number of "moves."

$3.2\overline{)4.16}$ = $32\overline{)41.6}$ (with . above the decimal point) = $32\overline{)41.6}$ = 1.3

Did You Know? *In France and Germany, a comma is used inside decimals, as in 98,23. In Britain, the decimal point is a raised dot, as in 98•23.*

C. Decimales

Decimales

Los decimales nombran a un número entero y/o una parte fraccionaria cuyo denominador es 10 o una potencia de 10. En la escritura estándar, un punto separa el número entero de la parte fraccionaria. Los decimales siguen muchas de las mismas reglas que los números enteros.

Consejos para sumar y restar decimales

Escribe la operación en forma vertical. Alinea los puntos decimales y coloca los dígitos en columnas. Escribe ceros a la derecha de cada sumando para que todos los decimales sean del mismo "largo". Baja el punto decimal y luego suma o resta.

12.09 + 6.135 + 0.5 = ?   8 − 0.0348 = ?

$$\begin{array}{r} 12.090 \\ 6.135 \\ \underline{+\ 0.500} \\ 18.725 \end{array} \qquad \begin{array}{r} 8.0000 \\ \underline{-\ 0.0348} \\ 7.9652 \end{array}$$

Consejos para multiplicar decimales

Multiplica como si no hubiera puntos decimales. Después, cuenta el número total de dígitos a la derecha del punto decimal en *ambos* factores. Coloca el punto decimal ese número de lugares desde la derecha.

$$\begin{array}{r} 24.6 \\ \underline{\times\ 0.31} \\ 246 \\ \underline{7380} \\ 7.626 \end{array}$$

Consejos para dividir decimales

Coloca el punto decimal directamente arriba del punto decimal del dividendo, en la forma larga de dividir, para tenerlo listo para el cociente. Divide.

$$172.8 \div 16 = ? \qquad 16\overline{)172.8}\ (\text{punto: } .) \qquad \begin{array}{r} 10.4 \\ 16\overline{)172.8} \end{array}$$

Para dividir un decimal por otro decimal, corre el punto decimal del divisor (3.2) hasta el final (32.). Cuenta el número de "lugares" (1). Corre el punto decimal del dividendo el mismo número de "lugares".

$$3.2\overline{)4.16} = 32\overline{)41.6} = \begin{array}{r} 1.3 \\ 32\overline{)41.6} \end{array}$$

> ***¿Lo sabías?***
> *En algunos países de Europa y Latinoamérica, se usa una coma en los decimales, como en el número 98,23. En Gran Bretaña, el punto decimal es más grande y subido, como en 98•23.*

D. Fractions and Mixed Numbers

Words to Know

common denominator A common multiple of two or more denominators. A common denominator for $\frac{1}{6}$ and $\frac{5}{8}$ is 24.

equivalent fractions Fractions that name the same number. $\frac{2}{3}$ and $\frac{12}{18}$ are equivalent fractions.

improper fraction A fraction whose numerator is greater than or equal to its denominator. $\frac{5}{4}$ is an improper fraction.

least common denominator (LCD) The least common multiple of the denominators of two or more fractions. The least common denominator of $\frac{1}{2}$ and $\frac{2}{3}$ is 6.

lowest terms A fraction for which 1 is the greatest common factor of both the numerator and the denominator. $\frac{3}{4}$ is a fraction in lowest terms.

mixed number A number that has a whole number part and a fraction part. $4\frac{6}{7}$ is a mixed number.

proper fraction A fraction that is less than one. $\frac{9}{10}$ is a proper fraction.

reciprocal Two fractions whose product is 1. $\frac{3}{4}$ and $\frac{4}{3}$ are reciprocals because $\frac{3}{4} \times \frac{4}{3} = 1$.

Reducing Fractions

To reduce a fraction to lowest terms, eliminate all common factors, other than 1, in the numerator and denominator by canceling or dividing.

$$\frac{16 = 2 \times \cancel{8}^{1}}{24 = 3 \times \cancel{8}_{1}} = \frac{2}{3} \qquad \frac{16}{24} = \frac{2}{3}$$

Improper Fractions and Mixed Numbers

To change an improper fraction to a mixed number, divide the numerator by the denominator. If there is a remainder, write the whole number and then write the remainder as a fraction.

$$\frac{5}{3} \qquad \begin{array}{r} 1\text{r}2 \\ 3\overline{)5} \\ \underline{3} \\ 2 \end{array} \qquad \frac{5}{3} = 1\frac{2}{3}$$

To change a mixed number to an improper fraction, multiply the denominator times the whole number, add the numerator, and put the sum over the denominator.

$$2\frac{7}{8} \qquad 8 \times 2 = 16 \qquad 16 + 7 = 23 \qquad \frac{23}{8}$$

Tips for Dividing Fractions: *To divide two fractions, multiply the first fraction by the reciprocal of the divisor; that is, "flip" the divisor and multiply.*

$$\frac{1}{12} \div \frac{3}{5} = \frac{1}{12} \times \frac{5}{3} = \frac{5}{36}$$

D. Fracciones

Palabras importantes

denominador común Un múltiplo común de dos o más denominadores. Un denominador común de $\frac{1}{6}$ y $\frac{5}{8}$ es 24.

fracciones equivalentes Fracciones que nombran el mismo número. $\frac{2}{3}$ y $\frac{12}{18}$ son fracciones equivalentes.

fracción impropia Una fracción cuyo numerador es mayor o igual que su denominador. $\frac{5}{4}$ es una fracción impropia.

fracción propia Una fracción que es menor que 1. $\frac{9}{10}$ es una fracción propia.

mínimo común denominador (MCD) El mínimo común múltiplo de los denominadores de dos o más fracciones. El mínimo común denominador de $\frac{1}{2}$ y $\frac{2}{3}$ es 6.

mínima expresión Una fracción para la cual 1 es el máximo factor común tanto del numerador como del denominador. $\frac{3}{4}$ es una fracción en su mínima expresión.

número mixto Un número que está formado por un número entero y una fracción. $4\frac{6}{7}$ es un número mixto.

recíproco Dos fracciones cuyo producto es 1. $\frac{3}{4}$ y $\frac{4}{3}$ son recíprocos porque $\frac{3}{4} \times \frac{4}{3} = 1$.

Reducción de fracciones

Para reducir una fracción a su mínima expresión, se eliminan todos los factores comunes, aparte de 1, en el numerador y el denominador cancelando o dividiendo.

$$\frac{16 = 2 \times \cancel{8}^1}{24 = 3 \times \cancel{8}^1} = \frac{2}{3} \qquad \frac{16}{24} = \frac{2}{3}$$

Fracciones impropias y números mixtos

Para convertir una fracción impropia a número mixto, se divide el numerador por denominador. Si hay residuo, se escribe el número entero y luego se escribe el residuo como fracción.

$$\frac{5}{3} \qquad \begin{array}{r} 1r2 \\ 3\overline{)5} \\ 3 \\ \hline 2 \end{array} \qquad \frac{5}{3} = 1\frac{2}{3}$$

Para convertir un número mixto a fracción impropia, se multiplica el denominador por el número entero, se suma el numerador y se coloca la suma arriba del denominador.

$$2\frac{7}{8} \qquad 8 \times 2 = 16 \qquad 16 + 7 = 23 \qquad \frac{23}{8}$$

Consejo para dividir fracciones: *Para dividir dos fracciones, se multiplica la primera fracción por el recíproco del divisor; o sea, "se da vuelta" al divisor y se multiplica.*

$$\frac{1}{12} \div \frac{3}{5} = \frac{1}{12} \times \frac{5}{3} = \frac{5}{36}$$

E. Geometry

A Closer Look at Polygons

A polygon is a simple, closed figure whose sides are line segments. A polygon has the same number of angles as it does sides. A *triangle* is a three-sided polygon. Four-sided polygons are called *quadrilaterals.* A **regular polygon** is a polygon with congruent sides and angles. *Congruent* means they measure the same.

Polygons	Number of Sides and Angles
triangle	3
quadrilateral	4
pentagon	5
hexagon	6
septagon	7
octagon	8
nonagon	9
decagon	10
undecagon	11
dodecagon	12

More on Quadrilaterals

A **trapezoid** has only one pair of parallel sides.

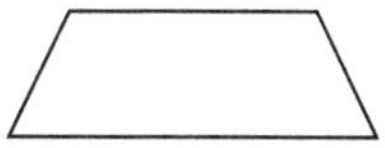

A **parallelogram** has opposite sides that are parallel and congruent.

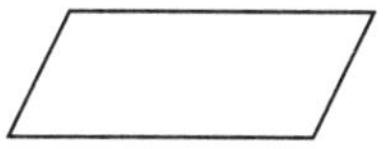

A **rhombus** is a parallelogram with 4 congruent sides.

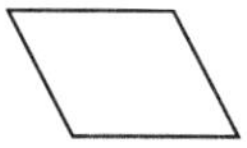

A **rectangle** is a parallelogram with 4 right angles and opposite sides parallel.

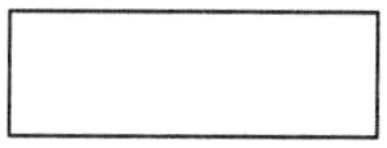

A **square** is a parallelogram with 4 congruent sides and 4 right angles.

E. Geometría

Veamos de cerca los polígonos

Un **polígono** es una figura sencilla y cerrada cuyos lados son segmentos de recta. Un polígono tiene el mismo número de ángulos que de lados. Un *triángulo* es un polígono de tres lados. Los polígonos de cuatro lados se llaman *cuadriláteros.* Un **polígono regular** es un polígono que tiene lados y ángulos congruentes. *Congruentes* significa que miden lo mismo.

Polígonos	**Número de lados y ángulos**
triángulo	3
cuadrilátero	4
pentágono	5
hexágono	6
septágono	7
octágono	8
nonágono	9
decágono	10
endecágono	11
dodecágono	12

Más sobre los cuadriláteros

Un **trapezoide** tiene sólo un par de lados paralelos. 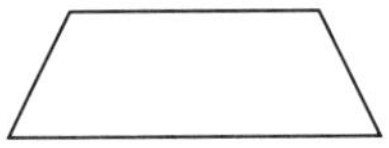

Un **paralelogramo** tiene lados opuestos que son paralelos y congruentes. 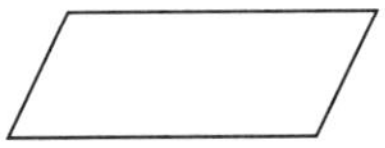

Un **rombo** es un paralelogramo de 4 lados congruentes. 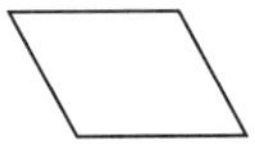

Un **rectángulo** es un paralelogramo de 4 ángulos rectos y lados opuestos paralelos. 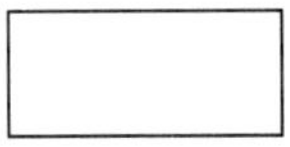

Un **cuadrado es** un paralelogramo de 4 lados congruentes y 4 ángulos rectos. 

F. Measurement

The following information will help your child develop "metric sense." The tables below provide information needed to convert from one unit of measurement to another.

Length
The thickness of a dime is 1 millimeter.
The length of a drinking straw is about 20 centimeters.
The length of a bed is about 2 meters.

Capacity
A teaspoon holds about 5 milliliters.
A gallon of milk is about 3.8 liters.
A bathtub holds about 400 liters of water.

Temperature
The freezing point of water is 0°C.
The inner temperature of a refrigerator is about 5°C.
Normal body temperature is 37°C.
The boiling point of water is 100°C.

Mass
One drop of water weighs about 50 milligrams.
One liter of water weighs 1 kilogram.
A large paper clip weighs about 1 gram.
A quarter weighs about 6 grams.
A school bus weighs about 10 metric tons.

Standard Units of Measure in the Metric System

Length
10 millimeters (mm) = 1 centimeter (cm)
100 centimeters = 1 meter (m)
1000 meters = 1 kilometer (km)

Mass (weight)
1000 milligrams (mg) = 1 gram (g)
1000 grams = 1 kilogram (kg)
1000 kilograms = 1 metric ton (t)

Capacity
1000 milliliters (ml) = 1 liter (L)

Customary Units of Measurement

Length
12 inches (in.) = 1 foot (ft)
3 feet = 1 yard (yd)
36 inches = 1 yard (yd)
1760 yards = 1 mile (mi)
5280 feet = 1 mile (mi)

Capacity
8 fluid ounces (fl oz) = 1 cup
2 cups = 1 pint (pt)
2 pints = 1 quart (qt)
4 quarts = 1 gallon (gal)

Weight
16 ounces (oz) = 1 pound (lb)
2000 pounds = 1 ton (T)

REMEMBER: *1 liter is a little more than a quart. 1 meter is a little more than a yard. 1 kilogram is a little more than 2 pounds. 1 kilometer is a little more than one-half mile.*

F. Medición

La siguiente información le ayudará a su hijo o hija en el uso de las unidades de medida métricas y del sistema inglés. Las siguientes tablas proveen la información necesaria para convertir de una unidad de medida a otra.

Longitud
El grosor de una moneda de 10¢ es 1 milímetro.
La longitud de un popote es 20 centímetros aprox.
La longitud de una cama es 2 metros aprox.

Temperatura
El punto de congelación del agua es 0°C.
La temperatura interna de un refrigerador es 5°C aprox.
La temperatura normal del cuerpo es 37°C.
El punto de ebullición del agua es 100°C.

Capacidad
Una cucharadita contiene 5 mililitros aprox.
Un galón de leche es 3.8 litros aprox.
Una bañera contiene 400 litros de agua aprox.

Masa
Una gota de agua pesa 50 miligramos aprox.
Un litro de agua pesa 1 kilogramo.
Un sujetapapeles grande pesa 1 gramo aprox.
Una moneda de 25¢ pesa 6 gramos aprox.
Un autobús escolar pesa 10 toneladas métricas aprox.

Unidades de medida del sistema métrico

Longitud
10 milímetros (mm) = 1 centímetro (cm)
100 centímetros = 1 metro (m)
1000 metros = 1 kilómetro (km)

Masa (peso)
1000 miligramos (mg) = 1 gramo (g)
1000 gramos = 1 kilogramo (kg)
1000 kilogramos = 1 tonelada métrica (t)

Capacidad
1000 mililitros (ml) = 1 litro (L)

Unidades de medida del sistema inglés

Longitud
12 pulgadas = 1 pie
3 pies = 1 yarda
36 pulgadas = 1 yarda
1760 yardas = 1 milla
5280 pies = 1 milla

Capacidad
8 onzas líquidas = 1 taza
2 tazas = 1 pinta
2 pintas = 1 cuarto de galón
4 cuartos de galón = 1 galón

Peso
16 onzas (oz) = 1 libra (lb)
2000 libras = 1 tonelada (T)

RECUERDA: *1 litro es un poco más que un cuarto de galón. 1 metro es un poco más que una yarda. 1 kilogramo es un poco más que 2 libras. 1 kilómetro es un poco más que media milla.*

G. Ratios and Percents

Words to Know

ratio A pair of numbers that expresses a rate of comparison. Ratios can be expressed in three ways: (1) by using the word *to*; (2) by using a colon; or (3) by using a fraction. For example, if there are 9 boys and 12 girls in a class, the three ratio expressions we can use to compare the number of boys to girls are: (1) 9 to 12; (2) 9:12; (3) $\frac{9}{12}$. These are all read the same way, "nine to twelve."

percent A ratio that compares a number to 100. 75% = $\frac{75}{100}$ or seventy-five hundredths. As a decimal, 75% = 0.75

proportion A statement that two ratios are equal. In a proportion, cross-products are equal. For example, in the proportion $\frac{6}{18} = \frac{4}{12}$, 6 x 12 and 4 x 18 are cross-products. 6 x 12 = 72 and 4 x 18 = 72.

How to. . .

... change decimals to percents:

Move the decimal point two places to the right. (Write zeros on the right if necessary.) Write the percent symbol (%).

0.55 = 55%   0.3 = 30%   7 = 700%

... change percents to decimals:

Move the decimal point two places to the left. (Write zeros on the left if necessary.) Drop the percent symbol.

78% = 0.78   6.5% = 0.065   114% = 1.14

... change fractions to percents:

Change the fraction to a decimal. Change the decimal to a percent.

$\frac{4}{5}$ $5\overline{)4.0}$ = 0.8   0.8 = 80%

... change percents to fractions:

Replace the percent symbol with the fraction $\frac{1}{100}$. Rewrite the other factor, if necessary, as a fraction. Multiply.

$23\% = 23 \times \frac{1}{100} = \frac{23}{100}$

G. Razones y porcentajes

Palabras importantes

porcentaje Una razón que compara un número con 100. 75% = $\frac{75}{100}$ o setenticinco cienavos. Como un decimal, 75% = 0.75

proporción Una declaración de que dos razones son equivalentes. En una proporción, los productos cruzados son iguales. Por ejemplo, en la proporción $\frac{6}{18} = \frac{4}{12}$, 6 x 12 y 4 x 18 son productos cruzados. 6 x 12 = 72 y 4 x 18 = 72.

razón Un par de números que expresa una comparación. Las razones pueden expresarse de tres maneras: (1) usando la palabra *a;* (2) usando dos puntos; o (3) usando una fracción. Por ejemplo, si hay 9 niños y 12 niñas en una clase, las tres maneras de expresar la comparación del número de niños a niñas son: (1) 9 a 12; (2) 9:12; (3) $\frac{9}{12}$. Todas se leen de la misma manera: "nueve a doce".

Cómo se hace ...

... para convertir decimales a porcentajes:

Se corre el punto decimal dos lugares a la derecha. (Escribe ceros a la derecha si es necesario.) Se escribe el símbolo de porcentaje (%).

0.55 = 55%   0.3 = 30%   7 = 700%

... para convertir porcentajes a decimales:

Se corre el punto decimal dos lugares a la izquierda. (Escribe ceros a la izquierda si es necesario.) Se quita el símbolo de porcentaje.

78% = 0.78   6.5% = 0.065   114% = 1.14

... para convertir fracciones a porcentajes:

Se convierte la fracción a decimal. Se convierte de decimal a porcentaje.

$\frac{4}{5}$ $5\overset{0.8}{\overline{)4.0}}$ 0.8 = 80%

... para convertir porcentajes a fracciones:

Se remplaza el símbolo de porcentaje con la fracción $\frac{1}{100}$. Se vuelve a escribir el otro factor, si es necesario, en forma de fracción. Se multiplica.

23% = 23 x $\frac{1}{100} = \frac{23}{100}$

H. Statistics and Probability

Statistics are numerical facts that are collected, organized, and analyzed. Charts, graphs, tables, and displays convey statistical information. With the help of technology, we can gather information quickly and present it in an understandable way.

Graphs

Graphs enable viewers to make comparisons and to draw quick conclusions. Different kinds of graphs are described below.

Bar Graph A graph in which bars are used to display information using numbers. Bar graphs enable you to *compare* quantities easily.

Broken-Line Graph A graph that shows how quantities *change over time.*

Circle Graph A graph that shows the relationship of *parts* to a whole.

Double-Bar Graph A graph that is used to *compare* related information.

Line Graph A graph that shows the *rate* at which something happens.

Pictograph A graph that uses pictures or symbols to represent numbers. Like bar graphs, pictographs show *comparisons* between quantities.

Probability

Besides being able to know what is happening now, people like to think ahead to what might happen in the future. **Probability** uses past observations of data patterns to predict the outcome of some future event. Probability is the "measure of likelihood." For example, the probability of drawing an ace from a standard deck of 52 playing cards is $\frac{1}{13}$.

Probability Notation

The probability of getting an ace = $P(A) = \frac{4}{52} = \frac{1}{13}$

P — means "the probability of"   *4* — the number of aces in the deck

A — abbreviation for "ace"   *52* — the total number of cards in the deck

***REMEMBER:** Always read the graph title and labels carefully. Make sure that the graph represents the information you need.*

H. Estadísticas y probabilidad

Estadísticas

Las estadísticas son datos numéricos que se reúnen, organizan y analizan. Los cuadros, las gráficas, las tablas y las muestras dan información estadística. Con la ayuda de la tecnología, reunimos información rápidamente y la presentamos de una manera fácil de entender.

Gráficas

Las gráficas nos permiten hacer comparaciones y sacar conclusiones rápidas.
A continuación se describen diferentes tipos de gráficas.

Gráfica de barras Una gráfica en que las barras muestran información usando números. Las gráficas de barras nos permiten *comparar* cantidades fácilmente.

Gráfica de línea quebrada Una gráfica que muestra cómo *cambian* las cantidades *con el transcurso del tiempo.*

Gráfica circular Una gráfica que muestra la relación entre las *partes* y el *entero.*

Gráfica de doble barra Una gráfica que se usa para *comparar* información relacionada entre sí.

Gráfica lineal Una gráfica que muestra el *ritmo* en que algo sucede.

Gráfica de pictografías Una gráfica que representa números por medio de dibujos o símbolos. Al igual que las gráficas de barras, las gráficas de pictografías muestran *comparaciones* entre cantidades.

Probabilidad

Además de saber lo que sucede en el presente, a muchos les gusta pensar de antemano qué pasará en el futuro. En la **probabilidad,** se usan observaciones pasadas de patrones de datos para predecir el resultado de un hecho futuro. La probabilidad mide lo que podría suceder. Por ejemplo, la probabilidad de sacar un as de una baraja de 52 naipes es $\frac{1}{13}$.

Escritura de la probabilidad

La probabilidad de sacar un as = $P(A) = \frac{4}{52} = \frac{1}{13}$

P—significa "la probabilidad de"

A—abreviatura de "as"

4—el número de ases en la baraja

52—el número total de naipes de la baraja

RECUERDA: *Hay que leer siempre con atención la gráfica y los encabezados. Asegúrate de que la gráfica representa la información que necesitas.*

I. Estimation

Estimation skills are useful in every area of mathematics. Calculators and computers enable students to compute faster. However, they also provide the opportunity to make errors when the wrong button is pushed or if little thought is given to the answer received. Good estimation skills enable students to evaluate the reasonableness of an answer and make decisions about how precise an answer should be.

Estimation strategies include using front-end digits and rounding.

Front-End Digits

Use the first digit in each number to make an estimate.

```
  275   200
  318   300
 +406   400
        900
```

Since 75 + 18 + 6 is about 100, you can adjust the estimate by adding 100 to get 1000.

Rounding

To follow are some different ways to round numbers. Choose one that fits the problem you are trying to solve.

- Round to one nonzero digit.

```
768    800
x32    x30
      2400
```

- Round to the tens place. Find the tens place. If the digit to the right is less than 5, the tens place stays the same. If the tens place is 5 or more, add 1 to the tens place.

  192 rounds to 190   78 rounds to 80

- Round both numbers up and down to get a range.

  52 x 88 = 50 x 80 = 400 (round down)

  60 x 90 = 540 (round up)

  52 x 88 is between 400 and 540.

I. Estimación

Las destrezas de estimación son útiles en todas las áreas de las matemáticas. Las calculadoras y computadoras permiten que los estudiantes hagan cómputos con más rapidez. Sin embargo, también dan la oportunidad de cometer errores cuando se oprime el botón equivocado o si no se presta atención a la respuesta obtenida. Las buenas destrezas de estimación permiten a los estudiantes evaluar si una respuesta es razonable y tomar decisiones en relación a cuán precisa debe ser una respuesta.

Las **estrategias de estimación** comprenden usar los primeros dígitos y redondear.

Primeros dígitos

Haz una estimación usando los primeros dígitos de cada número.

```
 275   200
 318   300
+406   400
       900
```

Como 75 + 18 + 6 es aproximadamente 100, se ajusta la estimación sumando 100 para obtener 1000.

Redondear

A continuación hay algunas maneras de redondear números. Escoge una que se ajuste al problema que tratas de resolver.

- Redondea a un número que termine en cero.

  ```
  768   800
  x32   x30
       2400
  ```

- Redondea el lugar de la decena. Fíjate en la decena. Si el dígito de la derecha es menor que 5, la decena se queda igual. Si el dígito es mayor que 5, suma 1 a la decena.
  192 se redondea a 190   78 se redondea a 80

- Redondea ambos números hacia arriba y hacia abajo para obtener un rango.
  52 x 88 = 50 x 80 = 400 (redondea hacia abajo)
  60 x 90 = 540 (redondea hacia abajo)
  52 x 88 es entre 400 y 540.

J. Creating a Positive Math Environment at Home

Math at home can be fun. We know that reading to young children at home provides a good start toward enjoyment of reading and future reading success. Home is also a perfect place to begin fostering an appreciation for mathematics. Below are some suggestions to create an environment that makes math seem interesting, exciting, and inviting.

- Let your children know that they can succeed. *Everyone* needs to think positive!
- Talk about math and listen to what your children are saying.
- Be more concerned with the *process* of doing mathematics than with getting a correct answer. Particular answers will not be remembered over the course of a lifetime, but knowing *how* to find the answer is a lifetime skill.
- Practice estimation with children whenever possible.
- Provide a place for study. With your child, create an environment suited to his or her learning style.
- Encourage group study.
- Expect that homework will be done. However, do not expect that all homework will be easy for your child or act disappointed that it seems difficult. Keep comments positive.
- Ask your child's teacher for a class outline. Find time to sit in on your child's classes.
- Model persistence and enjoyment with mathematics.
- Have fun!

Here are some tips for working together as a family.

- Involve the whole family. Help everyone to participate.
- Listen to everyone's ideas.
- Encourage everyone to ask questions when they do not understand.
- Work as a group. If you understand, help another family member.
- Tell someone when he or she does or says something that helps you.
- To make sure everyone understands, have each family member explain the task or solution in his or her own words, summarize the steps, or give an example.
- Remember, one can disagree without being disagreeable.
- Help keep family members on task.

J. Crear un ambiente positivo de matemáticas en casa

Las matemáticas en casa pueden ser divertidas. Sabemos que leerles a los niños pequeños provee un buen comienzo hacia el placer por la lectura y el éxito futuro en la lectura. El hogar es también un lugar ideal para empezar a promover el valor de las matemáticas. A continuación hay algunas sugerencias para crear un ambiente que presenta las matemáticas como algo interesante, emocionante y atractivo.

- Hagan saber a los niños que pueden tener éxito. ¡*Todos* necesitamos pensar positivamente!
- Conversen sobre las matemáticas y escuchen lo que los niños dicen.
- Preocúpense más por el *proceso* matemático que por la respuesta correcta. Las respuestas no se recordarán en el transcurso de la vida, pero saber *cómo* hallar la respuesta es una destreza para toda la vida.
- Practiquen cómo hacer estimaciones con sus hijos.
- Proporcionen un lugar para estudiar. Con el niño o niña, arreglen un ambiente que se ajuste a su estilo de aprendizaje.
- Promuevan el estudio en grupo.
- Los niños deben hacer las tareas escolares. Sin embargo, no esperen que todas las tareas sean fáciles para los niños ni actúen decepcionados por lo difícil que parezcan. Hagan comentarios positivos.
- Pidan al maestro o maestra un esquema de la clase. Dediquen tiempo para observar las clases de su niño o niña.
- Demuestren persistencia y gozo con las matemáticas.
- ¡Diviértanse!

Aquí se dan algunos consejos para trabajar en familia.

- Involucren a toda la familia. Ayuden a que todos participen.
- Escuchen las ideas de todos.
- Animen a todos a hacer preguntas cuando no entienden.
- Trabajen en grupo. Si entienden, ayuden a otro miembro de la familia.
- Avísenle a la persona que diga algo que les parezca útil.
- Para asegurarse de que todos entienden, pidan que cada quien explique la tarea o la solución en sus propias palabras, resuma los pasos o dé un ejemplo.
- Recuerden, es posible no estar de acuerdo sin causar discordia.
- Ayuden a que los miembros de la familia continúen trabajando en la actividad.

K. Tips for Problem Solvers

Behaviors and attitudes can affect your child's work. The following tips offer suggestions to help your child become a better problem solver.

- Compare problems. Relate new problems to ones you've solved previously.
- Visualize the problem in your mind to help you better understand the problem.
- Be flexible. If you get stuck, try something else.
- Examine your own thinking processes. Ask: "How is this going to help me solve the problem?"
- Don't give up. Some problems take longer than others. Leave a problem alone for a while and then come back to it. Look at it with a "fresh eye."
- Be confident so you can do your best.
- Take risks. Try your hunches—they often work.
- Keep your work organized.
- Share your thinking with others. Explaining your ideas helps you think better.
- Brainstorm to get started. One idea will lead to another.
- Rewrite the problem in your own words.
- Start with what you know; move toward what you do not know.
- Talk it through with other people. Listen to and apply their suggestions.

Suggest to your child that he or she keep the following tips in mind while solving math problems.

Get Started

Read the problem carefully. What are you asked to find?
What facts are given? Is there too much or too little information?
How are the facts and the question related?

Plan

What strategies can you use to solve the problem?
Can the problem be solved by computing?
Estimate the answer.

Solve

Choose a strategy. Try another if necessary.
Do you need to interpret a remainder?
Is rounding needed?
Give the answer in a complete sentence.

Look Back

Did you check your work?
Does your answer make sense?
Does your answer have the correct units?
Is there another way to get the same answer?
Would another strategy be faster or simpler?

K. Consejos para resolver problemas

Las acciones y las actitudes pueden afectar el trabajo de su hijo o hija. Los siguientes consejos ofrecen sugerencias para que los niños mejoren en la solución de problemas.

- Comparen los problemas. Relacionen los nuevos problemas a los que ya han resuelto.
- Visualicen el problema en la mente para entenderlo mejor.
- Sean flexibles. Si se quedan trabados, intenten otra cosa.
- Examinen su propio proceso de razonamiento. Pregunten: "¿Cómo me va a ayudar esto a resolver el problema?"
- No se den por vencidos. Algunos problemas llevan más tiempo que otros. Dejen a un lado un problema y vuelvan a él más adelante. Mírenlo con "ojos refrescados".
- Sientan confianza para hacer lo mejor posible.
- Corran riesgos. Prueben las corazonadas; muchas veces funcionan.
- Mantengan organizado el trabajo.
- Cuenten su razonamiento a los demás. Explicar las ideas ayuda a razonar mejor.
- Hagan lluvia de ideas para empezar. Una idea trae otra.
- Vuelvan a escribir el problema con sus propias palabras.
- Empiecen con lo conocido; sigan con lo desconocido.
- Conversen sobre el problema con otras personas. Escuchen y apliquen sus sugerencias.

Sugieran a su hijo o hija que mantenga en mente los siguientes consejos al resolver problemas.

Empieza

Lee el problema con cuidado. ¿Qué hay que averiguar?
¿Qué datos se dan? ¿Hay demasiada o muy poca información?
¿En qué se relacionan los hechos y la pregunta?

Planea

¿Qué estrategias se pueden usar para resolver el problema?
¿Se puede resolver el problema haciendo cómputos?
Haz una estimación de la respuesta.

Resuelve

Escoge una estrategia. Prueba otra si es necesario.
¿Hay que interpretar el residuo?
¿Hay que redondear?
Da la respuesta en una oración completa.

Revisa

¿Revisaste tu trabajo?
¿Es lógica tu respuesta?
¿Tiene las unidades correctas tu respuesta?
¿Hay otra manera de obtener la misma respuesta?
¿Sería más rápida o más sencilla otra estrategia?

L. Problem-Solving Strategies

The following strategies are "tools" for solving math problems. Suggest to your child that he or she use one or several when trying to solve a problem. If one doesn't work, try another!

- **Use Manipulatives**
- **Solve a Simpler Problem**
- **Draw a Diagram**
- **Try and Check**
- **Write a Number Sentence**
- **Make a Table**
- **Use Logical Reasoning**
- **Find a Pattern**
- **Draw a Picture**
- **Work Backward**
- **Make a Graph**
- **Act Out**
- **Choose an Operation**

L. Estrategias para resolver problemas

Las siguientes estrategias son "herramientas" para resolver problemas de matemáticas. Sugieran a su hijo o hija que use una o varias al tratar de resolver un problema. ¡Si una no funciona, prueben otra!

- **Usa materiales concretos**
- **Resuelve un problema más sencillo**
- **Dibuja un diagrama**
- **Prueba y comprueba**
- **Escribe una oración numérica (operación)**
- **Haz una tabla**
- **Usa el razonamiento lógico**
- **Busca un patrón**
- **Haz un dibujo**
- **Haz los pasos en el orden contrario**
- **Haz una gráfica**
- **Represéntalo con acciones**
- **Escoge una operación**

M. Math Study Skills

Before a Lesson

Preview the lesson. What is it about?

Set a purpose. Is it a new topic or something that you are familiar with?

Think about what you already know. Connect to prior experience. Review previous lessons.

Reading a Lesson/Doing Activities

Read slowly.

Note new vocabulary words and symbols. Refer to the glossary or ask someone the meaning of words that you do not understand.

Look at diagrams, charts, and pictures.

Work through the examples.

Do the exercises slowly.

Note what you do not understand and ask for help.

Work with others.

Reread the lesson.

Practice and Problem Solving

Read directions.

Read word problems slowly. Reread if necessary.

Show your work. Record what you do. Be neat. Make your paper easy to follow and the answer easy to find.

Check your work. Read what you write.

After a Lesson

Look back. Summarize the lesson. Would you be able to explain it to someone else?

Connect to other lessons. Think about how this lesson relates to others.

M. Destrezas de estudio de matemáticas

Antes de una lección

Dale un vistazo previo a la lección. ¿De qué se trata?

Fija un propósito. ¿Es un tema nuevo o algo con lo que estás familiarizado?

Piensa en lo que ya sabes. Relaciona con tus experiencias previas. Repasa lecciones anteriores.

Leer la lección/Hacer las actividades

Lee despacio.

Fíjate en vocabulario y símbolos nuevos. Consulta el glosario o pregunta a alguien el signifi cado de palabras que no entiendas.

Mira los diagramas, las tablas y los dibujos.

Sigue los ejemplos.

Haz los ejercicios despacio.

Fíjate en lo que no entiendes y pide ayuda.

Trabaja con los demás.

Vuelve a leer la lección.

Práctica y resolución de problemas

Lee las instrucciones.

Lee los problemas de oraciones despacio. Vuelve a leer si es necesario.

Muestra tu trabajo. Anota lo que haces.

Trabaja en forma limpia. Organiza tu trabajo para que sea fácil de leer y la respuesta fácil de encontrar.

Revisa tu trabajo. Lee lo que escribes.

Después de la lección

Repasa. Resume la lección. ¿Podrías explicársela a alguien?

Relaciónala con otras lecciones. Piensa en qué se relaciona con las otras.

N. Test-Taking Strategies

The following suggestions may help your child when taking math tests.

1. Read the problem carefully. Be sure to answer the question that is asked. Write your answer clearly.

2. Do not make assumptions. Use only the information that is provided in the problem.

3. Use problem-solving strategies. (*See* Energizer L: Problem-Solving Strategies.)

4. Go back and check your work. Make sure to answer all of the problems that you can. If you are using a separate answer sheet, make sure you are putting your answers in the correct place.

5. Stay focused. Be confident!

N. Estrategias para los exámenes

Las siguientes sugerencias pueden ser útiles al tomar exámenes de matemáticas.

1. Lee el problema con atención. Asegúrate de contestar la pregunta que se hace. Escribe tu respuesta claramente.

2. No hagas de caso que sabes algo. Usa sólo la información que se da en el problema.

3. Usa las estrategias para resolver problemas. (*Ver la página titulada* Estrategias para resolver problemas.)

4. Revisa tu trabajo. Asegúrate de contestar todos los problemas que puedas. Si tienes una hoja aparte para respuestas, asegúrate de poner tus respuestas en el orden correcto.

5. Concéntrate. ¡Ten confianza en ti mismo(a)!

O. Everyday Math

The following scenarios suggest a few ways to incorporate math into everyday experiences. In fact, you may be doing some of these things already! After you try these, maybe you can think of some more ways to practice math in daily life.

Sports

When watching a sporting event such as football or basketball, ask questions such as: Who's winning? by how much? How many points does the team with fewer points have to score to tie the other team? Is it probable in the time left?

Look at football scores in the newspaper (preferably those games with high scores), and figure out the possible point combinations. For example, Team A scored 24 points, and Team B scored 42 points. A possible scenario: Team A scored 3 touchdowns (3 x 6), with 3 extra points (3), and 1 field goal (3) = 24 points. Team B scored 5 touchdowns (5 x 6), with 3 extra points (3), and 3 field goals (3 x 3) = 42 points.

Encourage your child to follow his or her favorite team and keep statistics on its season.

Family Outings

When your family is getting ready to go somewhere, discuss the expected arrival time and how this affects the departure time. Talk about the following: What time do we have to be at our destination? How many miles do we have to travel? How long will it take to get there? What time do we have to leave? Keep a family log and compare trips.

Have your child estimate the bill as you make your way through the grocery store. Or, have him or her use a calculator to figure out the exact bill. Don't forget the sales tax!

Home Projects

When doing home projects such as painting a room, ordering new carpet, or planning a family vacation, encourage your child to help figure costs involved and materials needed.

Allowances

If your child is earning an allowance, suggest that they track how much money they are making. Encourage them to record the amounts of money saved and spent.

O. Matemáticas de la vida diaria

Las siguientes situaciones sugieren algunas maneras de incorporar las matemáticas en las experiencias diarias. De hecho, ¡es posible que ya hagas algunas de estas cosas! Después de probarlas, tal vez se te ocurran otras maneras de practicar las matemáticas en la vida diaria.

Deportes

Al mirar un evento deportivo, como fútbol o basquetbol, haz preguntas como éstas: ¿Quién va ganando? ¿Por cuánto? ¿Cuántos puntos debe anotar el equipo con menos puntos para empatar? ¿Es probable que suceda en el tiempo que queda?

Mira el puntaje de partidos de fútbol americano en el periódico (de preferencia los partidos con puntajes altos), y piensa en las posibles combinaciones de puntos. Por ejemplo, el equipo A anotó 24 puntos y el equipo B anotó 42 puntos. Una situación posible: El equipo A anotó 3 *touchdowns* (3 x 6), con 3 puntos extra (3) y un gol de campo (3) = 24 puntos. El equipo B anotó 5 *touchdowns* (5 x 6), con 3 puntos extra (3) y 3 goles de campo (3 x 3) = 42 puntos.

Animen a su hijo o hija a que lleve la cuenta de los puntajes de su equipo favorito durante la temporada.

Paseos familiares

Cuando la familia se prepare para ir a algún lugar, hablen sobre la hora que esperan llegar y cómo afecta la hora en que deben salir. Conversen sobre lo siguiente: ¿A qué hora debemos llegar a nuestro destino? ¿Cuántas millas debemos viajar? ¿Cuánto tiempo llevará llegar? ¿A qué hora debemos salir? Lleven un diario familiar y comparen viajes.

Pidan a su hijo o hija que haga la estimación del gasto de comida en el supermercado antes de pagar. O bien, pídanle que calcule la cuenta exacta usando una calculadora. ¡No se olviden del impuesto sobre la venta!

Proyectos caseros

Al hacer proyectos caseros, como pintar un cuarto, comprar alfombra nueva o planificar las vacaciones familiares, pidan al niño o niña que calcule el costo de todo lo necesario.

Estipendios

Si su hijo o hija recibe dinero, sugiéranle que lleve la cuenta de cuánto tiene. Aconséjenle que anote las cantidades de dinero que ahorra y que gasta.

P. Making a Living

The following lists 50 ways to make a living. Have your child look up unfamiliar words in a dictionary. With your child, choose several occupations that you both find interesting. Talk about how mathematics might be used in their work.

acrobat
bookkeeper
forester
dentist
engineer
druggist
botanist
accountant
librarian
balloonist
cashier
broadcaster
excavator
optician
plumber
sheriff
steeplejack
veterinarian
courier
agronomist
ballerina
caterer
auctioneer
bailiff
calligrapher
cinematographer
cosmetologist
astrophysicist
financier
haberdasher
launderer
meteorologist
sheepshearer
sculptor
prosecutor
publicist
surveyor
renovator
upholsterer
sociologist
statistician
physicist
wharfinger
chauffeur
concierge
entrepreneur
impresario
danseuse

P. Ganarse la vida

La siguiente lista contiene 50 maneras de ganarse la vida. Pidan a su hijo o hija que busque las palabras desconocidas en un diccionario. Con él o ella, escojan varias ocupaciones que consideren interesantes. Conversen sobre cómo se usarán las matemáticas en esos trabajos.

acróbata
tenedor de libros
guardabosque
dentista
ingeniero
farmaceuta
botánico
contador
bibliotecario
aeronauta
cajero
locutor
excavador
optometrista
plomero
alguacil
reparador de campanarios
veterinario
mensajero
agrónomo
balletista
abastecedor de comidas
subastador
calígrafo
cinematógrafo
cosmetólogo
astrofísico
financiero
camisero
lavandero
meteorólogo
esquilador
escultor
fiscal
publicista
topógrafo
renovador
tapicero
sociólogo
perito en estadística
físico
administrador de muelle
chofer
conserje
comerciante
empresario
bailarín

Q. Mathematical Symbols

+	add
∠	angle
{}	braces
[]	brackets
C	Celsius
°	degree
÷	divide
$\stackrel{?}{=}$	does it equal?
{} ø	empty or null set
F	Fahrenheit
∩	intersection
≈	is approximately equal to
≅	is congruent to
=	is equal to
>	is greater than
≥	is greater than or equal to
<	is less than
≤	is less than or equal to
≠	is not equal to
↔	line
—	line segment
m∠	measure of an angle
×()•	multiply
ll	parallel
%	percent
⊥	perpendicular
π	pi (3.14159)
→	ray
∟	right angle
√	square root
−	subtract
()	the quantity of
{}	the set of
Δ	triangle

Q. Símbolos matemáticos

$+$	suma
$\angle$	ángulo
$\{\}$	llaves
$[\,]$	corchetes
C	Celsio o centígrado
$^\circ$	grado
$\div$	divide
$\stackrel{?}{=}$	¿es equivalente?
$\{\}$ $\emptyset$	conjunto vacío
F	Fahrenheit
$\cap$	intersección
$\approx$	es aproximadamente equivalente a
$\cong$	es congruente a
$=$	es igual a
$>$	es mayor que
$\geq$	es mayor o igual a
$<$	es menor que
$\leq$	es menor o igual a
$\neq$	no es igual a
$\leftrightarrow$	recta
—	segmento de recta
$m\angle$	medida de un ángulo
$\times\,()\,\cdot$	multiplica
$\parallel$	paralelo
%	por ciento
$\perp$	perpendicular
π	pi (3.14159)
$\rightarrow$	rayo
$\llcorner$	ángulo recto
$\sqrt{\ }$	raíz cuadrada
$-$	resta
$()$	la cantidad de
$\{\}$	el conjunto de
Δ	triángulo

R. Fun Facts with Numbers

What's a googol?
A googol is the number 1 followed by 100 zeros.
Can you write a googol?

What's a googolplex?
A googolplex is the number 1 with a googol number of zeros after it!

What's infinity?
Here is what it is not ...
It isn't the biggest number ever.
In fact, it isn't any *thing* at all. It is an idea.
Something that is infinite goes forever. It has no edges, and no stopping place.
It does have a symbol: ∞

Unlucky 13?
In 1970, Apollo Lunar Mission number 13 *(Apollo 13)* was aborted while en route to the moon because of an explosion of a fuel cell in the service module. The flight left the launching pad at 13:13 hours military time (CST) and the accident occurred on April 13.

Cool Camels
A camel can lose up to 30% of its body weight in perspiration and continue to cross the desert. A human would die of heat shock after sweating away only 12% of body weight.

Trashy Facts
The United States produces 19% of the world's trash. The annual contribution includes 20 billion disposable diapers, 2 billion razors, and 1.7 billion pens.

Turkey Boom
The number of wild turkeys in the United States has increased from an all-time low of 30,000 to more than 4 million today. One state park in Iowa now boasts more than 100 turkeys per square mile.

R. Datos curiosos con números

¿Qué es infinito?
Esto es lo que no es...
No es el número más grande que existe.
De hecho, no es ninguna *cosa.* Es una idea.
Algo que es infinito sigue sin fin. No tiene límites y no termina.
Sí tiene un símbolo: ∞

¿El 13 de la mala suerte?
En 1970, la misión de Apollo lunar número 13 *(Apollo 13)* se suspendió cuando iba en ruta a la luna debido a una explosión en una célula de combustible del módulo. El vuelo despegó a las 13:13 horas y el accidente ocurrió el 13 de abril.

Camellos caminantes
Un camello puede perder hasta el 30% de su peso debido al sudor y seguir atravesando el desierto. Un ser humano moriría por exceso de calor después de sudar sólo el 12% de su peso.

Datos de basura
Estados Unidos produce el 19% de la basura del mundo. La contribución anual incluye 20 mil millones de pañales desechables, 2 mil millones de rasuradoras y 1.7 mil millones de plumas.

Abundancia de pavos
El número de pavos silvestres en Estados Unidos hoy día ha aumentado desde la cifra más baja de 30,000 hasta más de 4 millones hoy. Un parque estatal de Iowa actualmente cuenta con más de 100 pavos silvestres por milla cuadrada.

Award Certificate

This Certificate is Hereby Presented to the Family of ______________________________

For Participating in ________ Weeks of Fun Math Activities.

____

School | Teacher

____

Principal | Date

Premio familiar

Se presenta este certificado a la familia de ______________________________

Por participar en ________ semanas de actividades de diversión con las matemáticas.

____

Escuela Maestro(a)

____

Director(a) Fecha